Bewerben in Deutschland

Claus Peter Müller-Thurau

Bewerben in Deutschland

1. Auflage

Haufe Gruppe

Freiburg · München · Stuttgart

Bibliografische Information der Deutschen Nationalbibliothek
Die Deutsche Nationalbibliothek verzeichnet diese Publikation in der Deutschen Nationalbibliografie; detaillierte bibliografische Daten sind im Internet über http://dnb.dnb.de abrufbar.

Print: Bestell-Nr. 14034-0001 ISBN: 978-3-648-08645-2
ePub: Bestell-Nr. 14034-0100 ISBN: 978-3-648-08649-0
ePDF: Bestell-Nr. 14034-0150 ISBN: 978-3-648-08650-6

Claus Peter Müller-Thurau
Bewerben in Deutschland
1. Auflage 2017

www.haufe.de
info@haufe.de
Produktmanagement: Jasmin Jallad

Lektorat und Satz: Cornelia Rüping, 81245 München
Umschlag: RED GmbH, Krailling
Druck: BELTZ Bad Langensalza GmbH, Bad Langensalza

Inhaltsverzeichnis

Einführung

Andere Länder, andere Sitten. Das gilt auch für internationale Bewerberinnen und Bewerber beziehungsweise Expatriates, die in Deutschland ihre berufliche Zukunft suchen. Wer gut ankommen möchte, sollte sich mit den Besonderheiten des Bewerbungsprozesses im Zielland vertraut machen, um keine Überraschung zu erleben. Da hat etwa bei der Jobsuche in der Heimat niemand nach Zertifikaten gefragt und nun erwartet der mögliche neue Arbeitgeber Zeugnisse und Bescheinigungen über Weiterbildungsmaßnahmen.

Was ist eigentlich typisch deutsch? In diesem Buch geht es weniger um die Vorliebe für Wurst, Sauerkraut und Bier, sondern um Eigenschaften wie die Neigung zur Systematik, zur Präzision und die Liebe zum Detail. Das solide deutsche Handwerk und der weltweit anerkannte Maschinenbau wären ohne diese Merkmale nicht denkbar. Und deshalb können sich unter anderem Ungenauigkeiten und Fehler in der Bewerbung bereits nachteilig auswirken, beispielsweise: Geboren in kirkut (!), Irak. Wenn ein Unternehmen aus Zeit- und Kostengründen nur zehn Bewerber einlädt, kann man wegen kleiner Nachlässigkeiten auf Platz elf landen und ist aus dem Rennen.

Während das Erstellen einer schriftlichen Bewerbung eine wichtige Pflichtübung darstellt, ist das Vorstellungsinterview die Kür. Aber anders als im Sport zählt hier nur die Goldmedaille. Platz zwei ist wertlos.

Lassen Sie sich von einem Personalprofi inspirieren, der weiß, wie man sich in Deutschland im Bewerbungsprozess erfolgreich durchsetzt. Angesprochen werden insbesondere ambitionierte Frauen und Männer, die ihre interkulturellen Kompetenzen einsetzen möchten und deshalb in Deutschland gesucht sind.

Hamburg, im März 2017

Claus Peter Müller-Thurau

1 »Make it in Germany!« Karrierechancen in Deutschland

Schlusslicht Deutschland! Im Jahr 2015 wurden 738.000 Kinder lebend geboren. Damit beträgt die Geburtenziffer pro Frau 1,4 und ist die niedrigste im europäischen Vergleich. Nimmt man die sogenannte Bruttogeburtenziffer als Maßstab, so liegt Deutschland mit 8,28 Geburten je 1.000 Einwohner weltweit auf dem letzten Platz.

Die Bevölkerung in Deutschland schrumpft und das macht den Ökonomen Sorgen. Das Hamburgische WeltWirtschaftsInstitut (HWWI) befürchtet erhebliche Konsequenzen für den Wirtschaftsstandort Deutschland, weil mit der negativen demografischen Entwicklung auch immer weniger Erwerbsfähige dem Arbeitsmarkt zur Verfügung stehen.

Bewerberinnen und Bewerber bewegen sich als Marktteilnehmer im Spannungsfeld zwischen der Anzahl der angebotenen und der nachgefragten Arbeitsplätze. Und da stehen die Chancen für Jobaspiranten gut. Dennoch: Wer sich beruflich wirklich vorteilhaft positionieren möchte – also nicht nur irgendeinen Job sucht –, der muss den deutschen Arbeitsmarkt mit seinen Besonderheiten kennen, über die Zugangsvoraussetzungen Bescheid wissen und diese erfüllen.

1.1 Vom Arbeitgebermarkt zum Arbeitnehmermarkt

Die Zeiten sind vorbei, als manche Personaler angesichts einer relativ hohen Arbeitslosigkeit die Vergabe eines Jobs oder Ausbildungsplatzes als Gnadenakt verstanden. Heute herrscht in manchen Regionen der Bundesrepublik Deutschland Vollbeschäftigung, das bedeutet laut Experten eine Beschäftigungslosenquote von fünf Prozent und weniger. Die Versorgung der Unternehmen mit »Human Resources« ist heute zu einem kritischen Wettbewerbsfaktor geworden.

Aus diesem Grund bemühen sich Unternehmen immer mehr darum, sich als Arbeitgebermarke positiv zu positionieren. Immer mehr Firmen investieren in »Employer Branding«, entwickeln also Konzepte und Maßnahmen, um sich ihrerseits erfolgreich um Bewerber zu bewerben. Längst ist vom »war for talents« die Rede, den es zu gewinnen gilt, um die Zukunft nicht zu verlieren. Dies ist für Berufseinsteiger und -umsteiger eine gute Nachricht.

1.2 Das Diversity-Konzept: Vielfalt statt Einfalt

Unter deutschen Personalbeschaffern spricht es sich zunehmend herum, dass gemischte Teams besonders erfolgreich sind: Frauen und Männer, Jüngere und Ältere, Choleriker und Phlegmatiker, Pragmatiker und Theoretiker, Introvertierte und Extravertierte, Konformisten und Nonkonformisten, Menschen mit und ohne Migrationshintergrund – die Vielfalt der Sichtweisen und Temperamente ist Voraussetzung für Innovation und Fortschritt. Heute wissen wir aus vielfältigen negativen Erfahrungen, dass die Unterdrückung einer solchen Vielfalt der Anfang vom Ende wirtschaftlicher Prosperität ist. Aus Reibung entsteht Kreativität.

Ein Unternehmen, das sich nur pflegeleichte Mitarbeiter an Bord holt, kann nicht auch noch erfolgreich sein wollen. Das musste die finnische Handy-Ikone Nokia erleben. Interne Forderungen nach einer Weiterentwicklung des Geschäftsmodells aufgrund des Smartphone-Booms wurden ignoriert, bis es zu spät war. Die gefährlichen Folgen von bedenkenloser Konformität zeigte der Skandal um die manipulierten Dieselabgaswerte bei VW. »Wir brauchen keine Ja-Sager«, verkündete VW-Chef Matthias Müller auf einer vielbeachteten Pressekonferenz im Dezember 2015 und mahnte einen totalen Kulturwandel an.

Zum Diversity-Konzept gehört auch das von Immanuel Kant so genannte »krumme Holz«: Menschen mit Eigensinn (!) und scharfen Biegungen im Lebenslauf. 17 Prozent aller Auszubildenden brechen jährlich ihre Ausbildung ab, 21 Prozent der Studierenden verlassen die Hochschule ohne Abschluss. Ein Fünftel der Unternehmen gibt an, dass ihre Trennungsquote in den ersten sechs Monaten zwischen fünf und zehn Prozent liegt. Endstation Probezeit! Hinzu kommen häufige Firmenwechsel und andere persönliche Kalamitäten, die den Weg zu einem neuen Job beschwerlich machen.

Wer zu dieser Zielgruppe gehört, hat seine Zukunft noch nicht hinter sich. Denn es gibt Unternehmen, die auf der Suche nach »Rohdiamanten« sind, und längst gibt es Portale wie studienabbrecher.com mit Angeboten unter anderen von Siemens, OTTO, dem TÜV und der Kreditanstalt für Wiederaufbau (KfW). Die meisten Jobaspiranten aus »krummem Holz« haben allerdings Schwierigkeiten, ihre Unebenheiten und Defizite zu verkaufen. Diesen Menschen kann geholfen werden.

1.3 Das Antidiskriminierungsgesetz im Bewerbungsprozess

Und auch dies müssen Bewerber in Deutschland wissen: Seit August 2006 gilt in Deutschland das nach EU-Vorgaben formulierte Allgemeine Gleichbehandlungsgesetz (AGG). Es soll — und zwar nicht nur in der Arbeitswelt — verhindern, dass Menschen aus unsachlichen Gründen benachteiligt werden. Der Gesetzgeber definiert in § 7 AGG einen Sechserkatalog unerlaubter Benachteiligungsgründe:

- Rasse/ethnische Herkunft,
- Geschlecht,
- Religion/Weltanschauung,
- Behinderung,
- Alter,
- sexuelle Identität.

Geschützt werden nach § 7 AGG

- Arbeitnehmer,
- Bewerber (im Streitfall verwandelt das Gesetz die Parteien terminologisch in »Beschäftigte« und »Arbeitgeber«, obwohl dies juristisch nicht richtig ist, es geht ja um die Anbahnung eines Vertragsverhältnisses),
- Auszubildende,
- Leiharbeitnehmer,
- Heimarbeiter,
- ehemalige Beschäftigte,
- Selbstständige (in beschränktem Ausmaß) sowie
- Organmitglieder wie Geschäftsführer/Vorstände.

Nach zehn Jahren AGG hat sich gezeigt, dass Diskriminierungen aufgrund der im Gesetz aufgeführten Kriterien die Ausnahme sind. Zwar gibt es nach wie vor AGG-Hopper, die wegen einer behaupteten Benachteiligung klagen und auf eine Entschädigung von drei Monatsgehältern aus sind. Nachdem sich die Missbrauchsfälle häuften, steht heute bei der Beurteilung einer eventuellen Diskriminierung die Ernsthaftigkeit der Bewerbung im Vordergrund. In diesem Zusammenhang fiel beispielsweise auf, dass sich zunehmend Männer als Sekretärinnen bewarben. Damit kommt man heute nicht mehr durch. Andererseits ist das Gesetz natürlich dazu da, Benachteiligungen aufgrund der oben genannten Kriterien zu verhindern, und wer sich diskriminiert fühlt, sollte überlegen, ob ein Einspruch gegen die in eigener Sache nachteilige Personalentscheidung gerechtfertigt ist.

1.4 Ordnung muss sein: ein deutscher Imperativ

Ordnung muss sein und das gilt in Deutschland auch für den Bewerbungsprozess. Wer eine neue Aufgabe in der Wirtschaft oder beim Staat sucht, muss an einem klar definierten Verfahren teilnehmen und darf nicht mit Privilegien wegen persönlicher Beziehungen rechnen. Natürlich gibt es immer wieder Verfehlungen, weil beispielsweise Stellen nicht ordnungsgemäß ausgeschrieben werden oder das Anforderungsprofil so definiert wird, dass es auf eine bestimmte, schon vorab favorisierte Person passt. Aber das sind eher Ausnahmen. 2016 musste der Innenmister des Bundeslandes Schleswig-Holstein beispielsweise öffentlich einräumen, Fehler bei der Auswahl von Polizeianwärtern gemacht zu haben. Einige Bewerber hatten trotz einer noch laufenden Bewerbungsfrist Zusagen erhalten, wodurch sich die Einstellungschancen späterer Interessenten verringerten. Dies wurde als klarer Verstoß gegen die sogenannte Bestenauslese gerügt. Fairness ist im Bewerbungsverfahren ein hohes Gut.

! **Hinweis für Expatriates (Expats)**

In Artikel 33 Abs. 2 des Grundgesetzes (GG) heißt es: »Jeder Deutsche hat nach seiner Eignung, Befähigung und fachlichen Leistung gleichen Zugang zu jedem öffentlichen Amte.« Dieser als »Bestenauslese« bezeichnete Grundsatz ist verbindlich für sämtliche Eignungsauswahlverfahren im öffentlichen Dienst. Im Beamtenrecht (Bundesbeamtengesetz und Landesbeamtengesetze) heißt es ergänzend, dass die Auslese der Bewerber/innen nach Eignung, Befähigung und fachlicher Leistung ohne Rücksicht auf Geschlecht, Abstammung, Rasse, Glauben, religiöser oder politischer Anschauungen, Herkunft oder Beziehungen vorzunehmen ist.

Eine ordnungsgemäße Bestenauslese setzt ein transparentes, faires und gut dokumentiertes Bewerbungsverfahren voraus. Unterlegene Bewerber können ihre Rechte im Rahmen des Anspruchs auf ein faires und ermessensfehlerfreies Bewerbungsverfahren geltend machen (Bewerbungsverfahrensanspruch). Dies gilt sinngemäß auch für Bewerbungen in der Privatwirtschaft.

In vielen Ländern sieht das anders aus. Da werden Jobs nach Parteizugehörigkeit, Regierungstreue oder nach der Höhe des angebotenen »Bakschisch« vergeben. Die Nichtregierungsorganisation Transparency International publiziert regelmäßig einen »Corruption Perceptions Index« (CPI), ein Länderranking nach dem Maß der im jeweiligen Staat üblichen Korruption. Deutschland liegt hier auf Platz zehn von 168.[1] Kein Personaler in Deutschland wird einen Bewerber bevorzugt behandeln, weil ihm dieser sein Parteibuch oder ein Bündel Geldnoten vorzeigt. Und so müssen alle Jobsucher aus Gründen der Fairness und Chancengleichheit den beschwerlichen Weg der schriftlichen Bewerbung gehen — egal, ob diese als Print- oder Digitalversion verschickt wird.

[1] www.transparency.de, CPI 2015

1.5 Wie gut muss man Deutsch sprechen?

Die Erfahrung im Arbeitsalltag zeigt, dass selbst Diplom-Ingenieure und Werksleiter in Meetings nichts sagen, weil sie sich nicht blamieren wollen. Der einstige Porsche-Chef Wendelin Wiedeking betonte hierzu schon vor einiger Zeit im »Spiegel«: »Natürlich können sich die Manager in Englisch verständigen. Aber das ist nicht auf allen Arbeitsebenen der Fall. Ganz schwierig wird es, wenn es um Details geht, um die Einzelteile eines Motors beispielsweise. Doch gerade bei diesen Themen müssen sich die Mitarbeiter perfekt verständigen. Und wenn Englisch oder Französisch die Konzernsprache ist, benachteiligt man automatisch alle, für die dies nicht die Muttersprache ist.«[2]

Es erscheint nur allzu offensichtlich, dass sich Arbeitsprozesse langwieriger gestalten oder sogar ganz schieflaufen, wenn sich die Beteiligten nicht miteinander verständigen können. »In großen Runden reden dann plötzlich nur noch die, die gut Englisch sprechen, und nicht die, die fachlich Ahnung haben«, sagt Betriebslinguistiker und Unternehmensberater Reiner Pogarell. Er hat dazu ein passendes Beispiel: »Allein das Wort ›Fehler‹ lässt sich im Deutschen in feinsten Abstufungen ausdrücken.«[3] Ob Qualitätsmangel, Versehen, Fehlplanung oder Missmanagement — der deutsche Ingenieur kennt hier im Englischen vielleicht nur das Wort »Error« und bringt somit nicht auf den Punkt, was er tatsächlich sagen will. »So scheitern einfachste Arbeitsprozesse«, sagt Pogarell. Und das geht bei der Sachbearbeitung weiter. Wird der eingehende Auftrag nicht verstanden, kann er nicht richtig oder gar nicht bearbeitet werden. »Schlechtes Deutsch ist hier oft besser als nur Englisch«, weiß Pogarell aus seiner Arbeit in deutschen Unternehmen. Kurzum: In international aufgestellten deutschen Unternehmen müssen alle Englisch können, um sich international bewegen zu können. Es ist aber doch die Muttersprache — so ein Porsche-Sprecher — die uns stark macht.[4] Also: Mach Dein Ding in Deutschland!

1.6 Zehn Typen von Expats

Das wichtigste Wort der deutschen Sprache heißt »Warum«. Zum Beispiel: Warum gehen Menschen eigentlich hinaus in die Welt? Mit dieser Frage könnte man als Expatriate im Vorstellungsgespräch konfrontiert werden.

---

[2] »Der Spiegel«, Ausgabe vom 18.1.1999

[3] www.sueddeutsche.de/wirtschaft/beispiel-porsche-sprache-in-firmen-schlechtes-deutsch-besser-als-gutes-englisch-1.292633, zuletzt abgerufen am 19.1.2017

[4] Ebda.

Die InterNations GmbH in München, nach eigenen Angaben »das weltweit größte Netzwerk und Informationsportal für alle, die im Ausland leben und arbeiten«, hat deren Motive untersucht und über eine Cluster-Analyse zehn Expat-Typen identifiziert.

1. The Greener Pastures Expat: »I was looking for a better quality of life.«
2. The Foreign Assignee: »I was sent here by my employer.«
3. The Adventurer: »I was searching for an adventure or a personel challenge.«
4. The Foreign Recruitee: »I was recruited by a local employer.«
5. The Career Expat: »I found a job here on my own.«
6. The Travelling Spouse: »I moved for my partners job or education.«
7. The Romantic: »I moved for love.«
8. The Dream Destination Expat: »I always wanted to live in this particular country.«
9. The Ex-Student: »I moved here to go to school or university.«
10. The Family Expat: »I moved for family reasons.«[5]

Die InterNations GmbH gibt mit 21 Prozent »The Greener Pastures Expat« als eindeutigen Spitzenreiter unter den Motiven an. Das Gras des Nachbarn – so heißt es in einem Bonmot – erscheint grüner als das eigene. Die Mutigen und Flexiblen wollen das offenbar aus eigener Anschauung überprüfen.

Für einen Recruiter ist es auf jeden Fall psychodiagnostisch interessant zu erfahren, wie sich ein Bewerber in diese Typologie selbst einordnet beziehungsweise wie er einzuordnen ist. Und dies wäre dann der Übergang zum nächsten Kapitel.

[5] Quelle: www.internations.org/expat-insider/2015/expat-types

2 Kriterien bei der Personalauswahl: Worauf es ankommt

Über den Auswahlprozess bei den Personalbeschaffern wird viel Unfug verbreitet und oft auch geglaubt. Da heißt es etwa, dass sich Personaler großer Unternehmen im Durchschnitt weniger als zwei Minuten Zeit für eine Bewerbung nehmen. Das stimmt einfach nicht. Wer auf diese Weise Eignungsdiagnostik betreibt, der kann gleich würfeln oder aber alle Bewerber einladen. In beiden Fällen werden Ressourcen vergeudet und das können sich HR-Manager – wenn sie dies bleiben möchten – nicht leisten. Nehmen Sie sich also viel Zeit für das Anschreiben und die Gestaltung der Bewerbungsunterlagen, dann braucht der Personalverantwortliche nicht so viel Zeit, um die Inhalte darin aufzunehmen.

Ein Dauerbrenner in den Medien ist die angebliche Namensdiskriminierung. Angeblich will kein Betrieb einen Ali oder Kevin im Team haben und das würde bei der Sichtung von Bewerbungen entsprechend berücksichtigt. Derartige Befunde haben zwar einen medialen Aufmerksamkeitswert, werden jedoch nicht dadurch richtig, indem man sie immer wieder veröffentlicht. Wie also arbeitet ein erfolgreicher Recruiter? Werfen Sie einen Blick hinter die Kulissen.

2.1 Das »Person-Environment-Fit«-Konzept

Die psychodiagnostischen Hürden im Bewerbungsprozess sind den meisten Jobsuchenden hinlänglich bekannt: Zunächst einmal geht es darum, mit den schriftlichen Unterlagen gut anzukommen. Der eignungsdiagnostische Befund lautet dann im Einzelfall »passt nicht« oder »könnte passen«. Diejenigen, die bei der Bewerberbeurteilung mit Schulnoten arbeiten, sind schlechte Eignungsdiagnostiker. Das einzige sinnvolle Entscheidungskriterium in der Personalbeschaffung ist das der »Passung«. Ein Beispiel aus der Praxis: Einer der Bewerber um die Position als Vertriebsleiter eines konservativen Traditionsunternehmens erscheint zum Vorstellungsgespräch in einem bordeauxroten Dinnerjackett. Der Mann überzeugt zwar fachlich, aber am Ende heißt es dann doch: »Der passt nicht zu uns!«

Das Outfit muss ebenfalls zum Selbstverständnis des Unternehmens beziehungsweise zur Unternehmenskultur einigermaßen passen. Wer sich zu sehr aufbrezelt, kommt meist nicht gut an, denn das Vorstellungsinterview ist keine Casting-Show. Und bei einer Bank wird der Auftritt in »destroyed«

Jeans anders bewertet als bei einem Start-up, in dem es zur Corporate Identity gehört, die Krawatte im Schrank zu lassen oder gar keine zu besitzen. Vorurteile? Mag sein, aber Menschen vermitteln über ihr äußeres Erscheinungsbild nun einmal persönliche Werte und Einstellungen – manchmal auch nur, dass sie keinen Geschmack haben.

Das Konzept der Passung in der Personalauswahl ist natürlich deutlich komplexer. »Person-Environment-Fit« bezieht sich auf vier Aspekte, die Bewerber bedenken sollten – und zwar sowohl bei der Selbstdarstellung im Bewerbungsprozess als auch bei der Entscheidungsfindung, wenn ein Angebot eintrifft. Passt das Unternehmen eigentlich auch zu mir? Wozu muss ich als Bewerber passen?

»Person-Job-Fit«

In einem ersten Schritt wird das Leistungsprofil des Bewerbers mit dem Anforderungsprofil der Aufgabe abgeglichen. Untersucht werden die erforderlichen berufstypischen Qualifikationen, die in der Ausbildung, in Praktika, im Studium, in Seminaren, in einem Traineeprogramm oder durch einschlägige Lektüre erworben werden können. Es geht also um die Fachkompetenz, das »Know-what«.

Leider hat das Fachwissen einen Nachteil – es veraltet schnell. Wer in den 1990er Jahren eine Ausbildung zum Kfz-Mechaniker oder Kfz-Elektriker (ja, das gab es einmal!) oder ein Informatik-Studium absolviert hat und sich noch heute auf dem damaligen Kenntnisstand befindet, dürfte längst arbeitslos sein. In diesem Sinne gibt es wegen des rasanten technologischen Wandels keine abgeschlossene Berufsausbildung mehr. Auch deutsche Arbeitnehmer müssen manchmal ganz von vorne anfangen und diese Ansprüche werden steigen, wenn man an das »Internet der Dinge« denkt. Wer heute beispielsweise für die vorausschauende Wartung von Maschinen zuständig ist, wird sich mächtig umstellen müssen, denn darum kümmern sich die Maschinen zukünftig selbst.

Zum »Person-Job-Fit« gehören auch Methodenkompetenzen. Hier geht es um die erfolgreiche Anwendung von Arbeitstechniken, Verfahrensweisen und Lernstrategien. Methodenkompetenz beinhaltet die Fähigkeit,

- sich Informationen zu beschaffen und diese zu strukturieren,
- Ergebnisse von Verarbeitungsprozessen richtig zu interpretieren und
- sie überzeugend zu präsentieren.

Methodenkompetenz ist folglich das »Know-how«. Diese Fähigkeiten, zum Beispiel Projekte zu managen, SWOT-Analysen zu erstellen, Kreativitätstechniken anzuwenden, Mindmaps zu erstellen oder die Balanced Scorecard als organisatorisches Steuerungsinstrument zu nutzen, bleiben vom technologischen Wandel weitgehend unberührt. Viele Bewerber vergessen, im tabellarischen Lebenslauf die Rubrik Methodenkompetenzen einzufügen, um damit den eigenen Marktwert zu verbessern.

Weiterhin gehören zum »Person-Job-Fit« persönliche Kompetenzen. Gemeint sind die Fähigkeit und die Bereitschaft, selbstorganisiert, zuverlässig und eigeninitiativ zu handeln. Persönliche Kompetenz beinhaltet,

- sich der eigenen Stärken und Schwächen bewusst zu sein,
- flexibel auf sich verändernde Bedingungen zu reagieren und
- sich selbst bezüglich des eigenen Leistungsvermögens zu hinterfragen.

Persönliche Kompetenz ist das »Know-yourself«. Es geht um die Wahrnehmung innerpsychischer Prozesse und Zustände im Sinne des antiken »Erkenne dich selbst!«. Diese Inschrift über dem Eingang des Apollontempels (um 650 v. Chr.) beschäftigt die Philosophie und die Psychologie bis heute. Der Philosoph Immanuel Kant sah in der Selbsterkenntnis aller menschlichen Weisheit Anfang und Gotthold Ephraim Lessing sogar den Mittelpunkt aller Weisheit.

Wer einen guten Job machen will, braucht außerdem Sozialkompetenz, muss also

- zum Dialog,
- zum Konsens sowie
- zur Kritik

bereit und fähig sein.

Sozialkompetenz ist »to know the others«. Sie zeigt sich insbesondere beim Kundenkontakt und in der Zusammenarbeit mit Kollegen und Vorgesetzten.

Last but not least umfasst der »Person-Job-Fit« noch die Transferkompetenz. Es reicht nicht aus, das Richtige zu wissen, man muss es auch

- anderen verständlich machen,
- umsetzen und
- gegen Widerstand durchsetzen können.

Transferkompetenz bedeutet also »to know to apply your knowledge« und hat bei der Personalauswahl von Nachwuchskräften beziehungsweise Hochschulabsolventen eine besondere Bedeutung.

Wer nach Betrachtung dieser Aspekte des »Person-Job-Fits« zu einem positiven Ergebnis kommt und sich allein deshalb für einen Bewerber entscheidet, ist kein guter Eignungsdiagnostiker, weil er drei weitere wichtige Elemente des »Person-Environment-Fit« außer Acht gelassen hat.

»Person-Group-Fit«

Aus der Organisationspsychologie ist der Umstand bekannt, dass man ein Team schwächen kann, indem man es personell verstärkt. Dies ist kein Widerspruch, sondern bisweilen traurige Realität. Da wird jemand eingestellt, der alle fachlichen Voraussetzungen für die zugedachte Aufgabe mitbringt, aber vom ersten Arbeitstag an ist das Team nur noch mit sich selbst beschäftigt, weil sich der Neuzugang als hoffnungslos inkompatibel erweist.

Besondere Bedeutung kommt diesem Aspekt der Eignungsdiagnostik zu, wenn im Vertrieb eines Unternehmens das eingangs besprochene Diversity-Konzept umgesetzt werden soll – beispielsweise, um interkulturelle Verhandlungskompetenzen aufzubauen. Ein kompetenter Personaler wird im Zweifelsfall beim Fachwissen einige Abstriche machen, wenn der Kandidat ein guter Teamplayer zu sein verspricht.

»Person-Supervisor-Fit«

Wenn jemand zur Aufgabe und zum Team passt, kann es dennoch jede Menge Ärger geben. Auf die Frage, warum man denn während der Probezeit den Job geschmissen habe, bekommen Personaler so manches Mal als Begründung zu hören, dass die Chemie mit dem Vorgesetzten nicht gestimmt habe. Das kann in der Tat vorkommen. Nicht immer harmonieren Charaktere miteinander und nicht alle Vorgesetzten sind für eine Führungsaufgabe geeignet.

»Person-Organization-Fit«

Ein neuer Mitarbeiter muss zu guter Letzt auch zum Unternehmen und zur Unternehmenskultur passen. Thomas W., Abteilungsleiter in der Herrenmodeabteilung eines schwedischen Filialisten, wollte das von seinem coolen nordischen Arbeitgeber verordnete Du nach seiner Beförderung seitens seiner Azubis nicht mehr hinnehmen und versuchte, vor Gericht sein Sie wiederzuerlangen. Er verlor über zwei Instanzen. Firmentradition und Firmenphilosophie, so die Richter, hätten Vorrang vor den Launen der Angestellten. Genau genommen bezieht sich die Passung zum Unternehmen auf Aspekte der Unternehmenskultur wie Dresscode, Umgangsformen, Offenheit in der Kommunikation, Umgang mit Fehlern und Wertvorstellungen. Werden Ja-Sager bevorzugt oder Männer und Frauen mit Ecken und Kanten? Auch hier sollten Bewerber prüfen, ob das Unternehmen ihnen eine berufliche Heimat bieten kann.

2.2 Zwischen Burnout und Boreout

Um zum Ende dieser Überlegungen noch ein Missverständnis auszuräumen: Die »eierlegende Wollmilchsau« – also der Alleswisser und Alleskönner – wird trotz gegenteiliger Behauptung nicht gesucht. Der ideale Kandidat ist jemand, der seine neue Aufgabe nicht vom Start an perfekt beherrscht, sondern mit den Anforderungen wachsen kann. Woher sollen denn sonst Erfolgserlebnisse kommen? Die sind bekanntlich nur zu haben, wenn Aufgaben bevorstehen, bei denen man auch scheitern kann. Und wenn etwas schiefgegangen ist, kann man sich fragen, woran es gelegen hat, und seine Sache beim nächsten Mal besser machen.

Wer sich auf Dauer überfordert fühlt, den kann das Burnout-Syndrom treffen, wer sich unterfordert fühlt, wird möglicherweise am Boreout-Syndrom leiden. Letzteres ist häufiger der Fall und besonders freudlos. Viele Mitarbeiterinnen und Mitarbeiter langweilen sich im Job zu Tode, weil sie für ihre Tätigkeit überqualifiziert sind. Dennoch spricht nichts dagegen, vorübergehend eine Aufgabe zu übernehmen, die einen nicht sonderlich fordert, um auf dieser Grundlage den weiteren Aufstieg zu organisieren. Dabei kann übrigens die meist verpönte Zeitarbeit durchaus hilfreich sein. Nicht nur Expatriates bietet sie eine Chance, im Arbeitsmarkt Fuß zu fassen sowie die eigenen Talente zu erkennen und zu entwickeln.

3 Die schriftliche Bewerbung in Deutschland

Die Qualität der versendeten Bewerbungsunterlagen zeigt einem erfahrenen Personaler recht schnell, ob jemand in eigener Sache eher zur Bequemlichkeit neigt oder den Wettbewerb mit anderen Bewerbern als sportliche Herausforderung annimmt und sich Mühe gegeben hat. Und dieser Einsatz wird von Human-Resources-Managern belohnt.

Wenn — wie eingangs erwähnt — aus Zeit- und Kostengründen nur zehn Bewerber eingeladen werden sollen und man mit seinen Unterlagen auf Platz elf landet, ist das dumm gelaufen. Oft ist dieser undankbare Platz lediglich auf kleine Unebenheiten im Anschreiben oder bei der formalen Gestaltung des Lebenslaufs zurückzuführen — aber das sagt einem später wegen des AGG leider niemand. Verstolpern Sie also nicht gleich den Start Ihrer Bewerbungsaktion, sondern beherzigen Sie die folgenden Tipps aus der Praxis eines Personalberaters.

3.1 Stellenangebote genau lesen und verstehen

Es gibt Bewerber, die den Eindruck vermitteln, dass sie das Stellenangebot nicht verstanden oder nur überflogen haben. Wenn man eine Anzeige liest — ob in einem Jobportal, auf der Homepage eines Unternehmens oder in einer Zeitung —, muss die Kernfrage lauten: Worauf kommt es bei der ausgeschriebenen Aufgabe an? Welche fachlichen und persönlichen Kompetenzen werden erwartet? Wer diese Fragen richtig beantwortet, weiß, worauf er im Anschreiben und später im Vorstellungsinterview zu achten hat. Andernfalls schreibt und redet er ins Blaue. Machen Sie einmal den folgenden Test.

Beispiel: Assistenz für PR gesucht !

Gesucht: PR-Assistent/in

Sie haben Ihr Studium abgeschlossen und idealerweise bereits erste Erfahrungen in Marketing und/oder PR gesammelt, sind fit in Englisch und am Computer, haben Spaß am Schreiben und Organisieren und sind an Sport, Musik und Kultur interessiert. Außerdem sind Sie nicht nur geistig mobil.

Wir möchten baldmöglichst unser kleines Team verstärken.

Wenn Sie sich angesprochen fühlen, bewerben Sie sich bitte unter Angabe Ihrer Gehaltsvorstellung und Ihres frühesten Starttermins.

...

Auf welche Anforderungen würden Sie – angenommen, die beschriebene Aufgabe könnte gut zu Ihnen passen – in Ihrem Anschreiben besonders eingehen? Es folgen nun in zufälliger Reihenfolge die Eigenschaften beziehungsweise Qualifikationen, die in der obigen Anzeige aufgeführt sind. Sie alle sind zwar erwünscht, aber nicht gleichwertig. Welches mag das maßgebliche Ranking des suchenden Unternehmens bei der Personalauswahl sein? Machen Sie ein Gedankenexperiment und schätzen Sie einmal, welche Reihenfolge für den Recruiter relevant ist:

Mobilität	Platz ___
Computer	Platz ___
Englisch	Platz ___
Organisieren	Platz ___
Schreiben	Platz ___
Sport, Musik, Kultur	Platz ___
Studium	Platz ___
Erfahrung im Marketing	Platz ___
Teamfähigkeit	Platz ___

Richtig! Ein Studium – egal welches – ist unverzichtbar. Wer diese Anforderung ignoriert und es auf gut Glück dennoch probiert, vergeudet Zeit und schiebt am Ende bei ähnlichen Angeboten nur Frust. Dieses Kriterium ist also schnell abgehakt. Viele Bewerber mit einem abgeschlossenen Studium scheitern allerdings, weil sie Formulierungen wie »möchten wir unser kleines Team verstärken« übersehen oder nicht richtig bewerten. Teamfähigkeit ist die zweitwichtigste Voraussetzung, um eingeladen zu werden und am Ende ein Jobangebot zu erhalten. Niemand möchte sich sein kleines Team von jemandem kaputtmachen lassen, der zwar ein exzellenter Fachmann ist, aber nicht zu den anderen passt. Zuvor war in diesem Zusammenhang bereits von »Person-Group-Fit« die Rede.

In manchen Stellenangeboten wiederum finden sich Anforderungen, die sich auszuschließen scheinen oder zumindest schwer miteinander zu vereinbaren sind. Lesen Sie bitte einmal den folgenden Text.

!

Beispiel: Suche nach einem Data Warehouse Designer

Gesucht: Data Warehouse Designer

Ihr Profil

- Technisches Studium oder 2- bis 3-jährige einschlägige Berufserfahrung
- Fundierte Kenntnisse im Bereich Datenmodellierung
- Kenntnisse über relationale Datenbanken
- Gute organisatorische und kommunikative Fähigkeiten
- Teamfähige und durchsetzungsfähige Persönlichkeit

Sie haben es gemerkt: Hier soll jemand ein guter Teamplayer sein und sich zugleich gegenüber anderen durchsetzen können. Diese Anforderungen in Kombination sind nicht untypisch für die Arbeitswelt, aber in Personalunion leider nicht häufig zu haben. Als Bewerber muss man beim Lesen der Anzeige erkennen, dass der zukünftige Job mit einer Gratwanderung zwischen den beiden sich bisweilen widersprechenden Eigenschaften verbunden ist. Gehen Sie bereits im Anschreiben darauf ein – erst recht natürlich später im Vorstellungsgespräch. Schreiben Sie zum Beispiel: »Ich arbeite gern im Team, kann aber Druck gut aushalten und einen als richtig erkannten Standpunkt im Zweifelsfall überzeugend vermitteln und durchsetzen.«

3.2 Total-Quality-Management für Bewerber

Nahezu jeder Jobsuchende wird es schon einmal bemerkt haben: Im Bewerbungsprozess geht es nicht zu wie im richtigen Leben. Hier darf man Fehler machen, um aus ihnen zu lernen – für die schriftliche Bewerbung gilt dagegen die Null-Fehler-Toleranz. Kein Personaler wird Ihnen Ihre Unterlagen mit dem Vermerk zurücksenden: »Ihr Anschreiben ist voller Fehler und stilistisch nicht korrekt, schicken Sie bitte ein Neues.« Nein, es gibt eine Absage! Das heißt also, Orthografie, Grammatik und Interpunktion müssen fehlerfrei sein. Wer ein Bewerbungsschreiben verfasst und dabei den »Duden« nicht griffbereit hält beziehungsweise online aufruft, handelt fahrlässig. Hier wartet auf Expatriates eine besondere Herausforderung. Für deutsche Kandidaten gilt es selbstverständlich, bei einer Bewerbung in einem internationalen Unternehmen im Zweifelsfall zusätzlich einen einwandfreien »Cover letter« und Curriculum Vitae (CV) auf Englisch abzuliefern. Hilfreich sind hier Online-Wörterbücher wie pons.eu, leo.org und linguee.com.

Tipp: Das Vier-Augen-Prinzip beachten !

Jeder weiß oder sollte wissen, dass man angesichts eines selbstverfassten Textes mehr oder weniger blind ist. Deshalb gilt in vielen Unternehmen das Vier-Augen-Prinzip. Dieser Grundsatz setzt die Weisheit des Volksmundes in die Praxis um, dass vier Augen meist mehr sehen als zwei. Abgestraft wird vom Personaler also nicht der Fehler selbst, sondern der Verstoß gegen die Regel, bei wichtigen Texten eine Korrekturschleife einzuziehen. Bewerber, die keine Native Speaker sind, scheitern im schriftlichen Bewerbungsprozess weniger wegen ihrer unzulänglichen Deutschkenntnisse, sondern weil sie zu Rechtschreibung und Zeichensetzung keinen Rat eingeholt haben. Auch wer im tabellarischen Lebenslauf unter Sprachen »Deutsch: gute Grundkenntnisse« angibt, sollte ein fehlerfreies Anschreiben formulieren. Das zeigt die richtige Einstellung zu Werten wie Gewissenhaftigkeit und Sorgfalt und auch die Bereitschaft, sich helfen zu lassen. Ein Erfolgsprinzip der Marktwirtschaft lautet: Man muss nicht alles wissen, aber man muss wissen, was man nicht weiß. Nur so kann man besser werden.

Die Bedeutung, die Personaler einem Fehler zuschreiben, hängt auch von der zu vergebenden Aufgabe ab. Wer sich als Jurist in einer Kanzlei bewirbt und im ersten Satz des Anschreibens einen Fehler einbaut, darf nicht damit rechnen, dass der Adressat noch weiterliest. Das gilt für alle Berufe – vom Debitorenbuchhalter über den Flugzeugmechaniker bis zum Chirurgen –, die ein hohes Maß an Gewissenhaftigkeit verlangen.

Aber lesen Sie doch einmal, welche Fehler Bewerbern immer wieder unterlaufen – entweder weil sie sich auf ihr Rechtschreibprogramm verlassen oder es ignorieren oder keine Lust haben, in den »Duden« zu schauen. Im folgenden Text sind sieben Fehler versteckt, die alle aus Originalbewerbungen stammen und die es zu finden gilt.

! **Beispiel: Vermeidbare Fehler**

Ihr Stellenangebot habe ich mit Interesse gelesen. Ein großer teil meiner bisherigen Aufgaben lag in der Kundenbetreuung ... Gern weise ich bei dieser Gelegenheit auf meine ausgeprägten aquisitorischen Fähigkeiten hin. Außerdem bin ich fit in SAP R3 und beherrsche Exel aus dem Effeff. Satt Französisch verfüge ich über sichere Spanischkenntnisse. Auf die Einladung zu einem Vorstellungsgespräch freie ich mich.

Mir freundlichen Füßen

...

Der amerikanische Schriftsteller Mark Twain beklagte sich einmal über seine Schwierigkeiten beim Deutschlernen in einem ironischen Aufsatz mit dem Titel »The awful German Language«. Deutsche Sprache, schwere Sprache – wer diesen Gemeinplatz als Entschuldigung für eine sprachlich schlampige Bewerbung anführt, muss sich fragen lassen, wie er generell mit Erschwernissen und Schwierigkeiten im Berufsleben umgeht.

! **Übung: Lückendiktat**

Das Lückendiktat prüft die Rechtschreibkenntnisse von Bewerbern. Es wird in der Regel direkt am Computer durchgeführt. Sie bekommen einen Text zu hören und müssen in der Ihnen vorliegenden Variante die entsprechenden Lücken ausfüllen. Etwa so:

Mit Witzen ist nicht immer zu ________ (spaßen? spassen?). Sagt der Malermeister zu seinem Auszubildenden: »Mir ist ________ (Angst? angst?), ________ (das? dass?) wir nicht bis ________ (Dienstag Abend? Dienstagabend?) fertig werden. Streich bitte die Fenster. Du musst jetzt ________ (schnell machen? schnellmachen?) – und gib mir ________ (bescheid? Bescheid?), wenn du fertig bist.«

Nach zwei Stunden überaus ________ (engagierter? engagirter?) Arbeit fragt der Lehrling seinen Chef, ob er die ________ (Fensterrahmen? Fensterramen?) auch noch streichen solle.

Aus diesem _________ (Vorkommnis? Vorkommniß? Vorkomniss?) lässt sich das _________ (folgende? Folgende?) ableiten: Die Sprache _________ (läd? lädt? lätd?) geradezu zu _________ (Missverständnissen? Mißverständnißen? Misverständnissen?) ein, weil sie nicht so _________ (exakt? eksakt? exackt?) wie die _________ (Matemathik? Mathematik?) sein kann. Aber es sollte der Mühe _________ (wert? Wert?) sein, so klar und _________ (korekt? korrekt?) wie möglich zu sprechen und zu schreiben. Gerade in einem Beruf, in dem Kommunikationspannen _________ (fattale? fatale? fatahle?) Konsequenzen haben können.

Lösung

Mit Witzen ist nicht immer zu *spaßen*. Sagt der Malermeister zu seinem Auszubildenden: »Mir ist *angst, dass* wir nicht bis *Dienstagabend* werden. Streich bitte die Fenster. Du musst jetzt schnell *machen* – und gib mir *Bescheid*, wenn du fertig bist.«

Nach zwei Stunden überaus *engagierter* Arbeit fragt der Lehrling seinen Chef, ob er die *Fensterrahmen* auch noch streichen solle.

Aus diesem *Vorkommnis* lässt sich das *Folgende* ableiten: Die Sprache *lädt* geradezu zu Missverständnissen ein, weil sie nicht so *exakt* wie die *Mathematik* sein kann. Aber es sollte die Mühe *wert* sein, so klar und *korrekt* wie möglich zu sprechen und zu schreiben. Gerade in einem Beruf, in dem Kommunikationspannen *fatale* Konsequenzen haben können.

3.3 Mit der Optik punkten

Von Oscar Wilde stammt der Befund, dass nur oberflächliche Menschen nicht nach dem Äußeren urteilen würden. In diesem Sinne dürfen Personalexperten keinesfalls oberflächlich sein. Sie schauen sich sehr wohl das »Gesicht« der Bewerbungsunterlagen an, kennen aber auch den zweiten Teil des obigen Zitats, denn Oscar Wilde setzt wie folgt nach: »Das Sichtbare ist das Geheimnis, nicht das Unsichtbare.« Darauf wird übrigens im Rahmen des Vorstellungsinterviews noch besonders einzugehen sein.

Aber was verraten ein optisch unstrukturiertes Anschreiben und ein unaufgeräumter Lebenslauf über den Verfasser? Chaot? Mangelnde Motivation? Kein Gespür für die werbliche Wirkung? Hier gilt es, den Geheimnissen des Sichtbaren auf die Spur zu kommen.

Zeig mir, wie du deine Bewerbungsunterlagen optisch aufbereitet hast, und ich sage dir, wer du bist! Ansprechend (!) gestaltete Unterlagen weisen auf einen Menschen hin, der sich zumindest in eigener Sache Mühe gibt, der sich die für eine gekonnte Selbstdarstellung notwendigen Informationen beschafft hat, der über ein Gespür für Ästhetik verfügt und obendrein noch umsetzungsstark ist. Die meisten Berufe sind mit Kommunikationsaufgaben verbunden, Inhalte werden nicht nur verbal, sondern auch visuell vermittelt. Man denke nur an Powerpoint-Präsentationen, die trotz anderslautender Berichte nach wie vor unverzichtbar sind. Man muss sie nur gut machen. Und wie lautet doch der unterschwellige Appell eines jeden Bewerbers? »Bitte machen Sie sich ein positives Bild von mir!« Dafür will der Personaler allerdings Gründe sehen.

Es folgen nun einige typische gestalterische Unebenheiten, die das Bild trüben und damit den Gesamteindruck beschädigen können.

! **Beispiel: Typische Nachlässigkeiten und Unebenheiten im CV**

Beruflicher Werdegang

seit 11/2007	Leitung Marketing (Direktmarketing)
8/06- 10/07	Abteilungsleiter Vertrieb
2/04—6/06	Teamkoordinator Verkauf
12/01 — 1/04	Sachgebietsleitung Verkauf

Sprachen

Polnisch: Muttersprache

Deutsch: gut in Wort und Schrift

Englisch: gut in Wort und Schrift

Französisch: Schulkenntnisse

IT-Kenntnisse

Microsoft Office

Hobbys

Tango tanzen, Chopin, Wandern

Sie haben es gesehen? Die Striche zwischen den Zahlen sind unterschiedlich lang ausgefallen und sie werden mal mit und mal ohne Leerzeichen gesetzt. Schreiben Sie statt »8/06—10/07« bitte »08/06—10/07«, damit die Angaben übersichtlich untereinander stehen, und tun Sie dies konsequent bei allen Zeitangaben. Außerdem reduzieren Sie den Zahlensalat, indem Sie als Jahreszahl zum Beispiel nur »07« schreiben. Nach der bisher bekannten menschlichen Lebenserwartung kann es sich nicht um das Jahr 1907 handeln.

Die Rubriken Sprachen, IT-Kenntnisse und Hobbys zerstören im obigen Beispiel die Optik. Erst werden in der linken Spalte Zeiten angeführt und danach kommen Inhalte. Das ist nicht folgerichtig. Wenn Zeiten keinen Sinn machen, verschieben Sie die Inhalte nach rechts; die linke Spalte bleibt dann leer. Und wählen Sie für die Überschriften immer dieselbe Schriftformatierung. Das war im obigen Beispiel ja nicht der Fall.

!

Beispiel: So sieht es besser aus

Beruflicher Werdegang

seit 11/2007	Leitung Marketing (Direktmarketing)
08/06—10/07	Abteilungsleiter Vertrieb
02/04—06/06	Teamkoordinator Verkauf
12/01—01/04	Sachgebietsleitung Verkauf
Sprachen	
	Polnisch: Muttersprache
	Deutsch: gut in Wort und Schrift
	Englisch: gut in Wort und Schrift
	Französisch Schulkenntnisse
IT-Kenntnisse	
	Microsoft Office
Hobbys	
	Tango tanzen, Chopin, Wandern

Manch eine schriftliche Bewerbung wirkt wie Augenpulver, eine andere, als sei sie mit dem Kartoffeldruckverfahren erstellt worden. Auch der Ehrgeiz, zeigen zu wollen, was man in Sachen Gestaltung so alles mit dem Computer anstellen kann, wird vom Leser nicht honoriert. Bunt und abwechslungsreich darf es auf dem Basar zugehen, aber nicht bei der Vermarktung der eigenen Person. Sie müssen kein Layouter oder Grafikdesigner sein, um Ihre Unterlagen gefällig gestalten zu können. Hilfreich sind hier einige Tipps von Dieter Rams, dem ehemaligen Chef-Designer des legendären deutschen Elektrogeräteherstellers Braun und dem »Großvater« des Apple-Designs. Dieter Rams definierte sein Berufsverständnis folgendermaßen:

- Gutes Design ist unaufdringlich.
- Gutes Design ist ehrlich.
- Gutes Design ist konsequent bis ins letzte Detail.
- Gutes Design ist so wenig Design wie möglich.

Das gilt noch heute und auch für jede Bewerbung. Beherzigen Sie die folgenden Empfehlungen zur Gestaltung Ihrer Unterlagen — egal, ob Sie diese als Online- oder als Print-Version auf den Weg bringen.

! **Tipps zur Gestaltung**

- Die »Farbe« Weiß erhöht die Lesbarkeit von Texten. Gehen Sie also großzügig mit der leeren Fläche um. Das erleichtert auch das Lesen auf dem Bildschirm, wenn der Empfänger sich einen ersten Eindruck verschafft.
- Machen Sie keine wilden Experimente mit den Schriftarten. Arial ist aus guten Gründen sehr beliebt.
- Wenn Sie persönlich keine Vorlieben hinsichtlich der Schriftart haben, schauen Sie sich den Text des Stellenangebots oder die Homepage des Unternehmens an, bei dem Sie sich bewerben möchten. Wurde dort durchgängig eine serifenfreie Schrift (also ohne Schnörkel) verwendet, zum Beispiel Arial oder Calibri, dann tun Sie das doch auch.
- Die Schriftgröße elf oder zwölf Punkt ist gut.
- Wenn Sie beim tabellarischen Lebenslauf noch einen Überhang von wenigen Zeilen auf der folgenden Seite haben, wählen Sie gegebenenfalls eine Elf-Punkt-Schrift, um den Text auf eine Seite zu bringen, oder prüfen Sie, wo Kürzungen möglich sind.
- Für die Überschriften im Lebenslauf (Persönliche Daten, Schulbildung, Ausbildung etc.) ist eine 13-Punkt-Schrift angemessen, die zudem gefettet oder unterstrichen werden sollte. Bitte nicht beides.
- Wählen Sie im Fließtext einen einzeiligen Abstand. Lassen Sie im CV zwischen den einzelnen Rubriken etwas mehr Abstand.
- Das Anschreiben sieht individueller aus, wenn Sie es linksbündig – also nicht im Blocksatz – formatieren.
- Machen Sie dann noch aus Ihrer Online-Bewerbung vorzugsweise eine PDF und alles ist gut.

In Deutschland, so heißt es, müsse alles seine Ordnung haben. Ordnung beruht auf Normen und Standards und die haben einen Namen: DIN. Diese fast jedem Deutschen geläufige Buchstabenkombination steht für »Deutsches Institut für Normung«. Und das hat unschätzbare Verdienste. Normen schaffen Effizienz bei Produktionsabläufen und sorgen durch eine gleichbleibende sowie vergleichbare Produktqualität für Vertrauen bei den Endverbrauchern. Wer Papier in DIN A4 kauft, erhält in jeder Verkaufsstelle das gleiche Format.

Auch der Schriftverkehr ist in Deutschland genormt. Zeigen Sie dem Adressaten mit Ihrer Bewerbung, dass Sie die Regeln für Geschäftsbriefe kennen. Das kommt meist gut an, denn Sie heben sich von jenen ab, die hier beliebig vorgehen. Der Mensch ist nach Leonardo da Vinci ein »Augentier« und in diesem Sinne kann ein guter optischer erster Eindruck durchaus von Vorteil für den Absender sein.

!

Achtung: DIN 2008 für Geschäftsbriefe

Die Norm DIN 2008 regelt die Struktur und das Design von Geschäftsbriefen (also auch von Bewerbungsanschreiben) folgendermaßen:

Seitenränder

Oben 4,5 und unten 2,5 Zentimeter/links 2,5 und rechts 2,0 Zentimeter.

Schriftgröße und Schriftart

Zwölf Punkt. Wenn das Anschreiben recht lang ist, darf man elf Punkt wählen, damit es auf eine Seite passt. Zur Schriftart gibt es keine Regelung, aber Arial oder Times New Roman sind Standard.

Struktur

- Die Empfängeradresse ist maximal 8,5 Zentimeter breit und beginnt drei Zeilen unter der eigenen Anschrift. So passt alles in das standardisierte Sichtfenster von DIN-C6-Briefumschlägen und das gilt auch im Internet-Zeitalter.
- Datum und Ort folgen mit einer Leerzeile Abstand rechtsbündig unterhalb des Adressfeldes.
- Der Betreff (Betreffzeile) beginnt zwei Zeilen unter dem Datum und darf fett oder durch eine größere Schrift hervorgehoben werden (13 oder 14 Punkt). Außerdem: nie mehr als zwei Zeilen für den Betreff verwenden und das Wort »Betreff« wird nicht vorangestellt.
- Zwischen Betreff und Anrede gehören zwei Leerzeilen und nach einer weiteren Leerzeile beginnt das eigentliche Anschreiben.
- Nach der Unterschrift folgt »Anlagen« (fett oder unterstrichen). Manche Bewerber führen hier sämtliche Anlagen einzeln auf und zerstören damit die Optik des Anschreibens.

Wenn Sie nach Anwendung dieser DIN-Empfehlungen aus Ihrem Anschreiben eine PDF-Datei machen und sich diese auf dem Bildschirm anschauen, werden Sie von dem, was der Adressat von Ihnen zu sehen bekommt, überzeugt sein.

3.4 Online oder postalisch bewerben?

Diese Frage hat sich noch nicht ganz erübrigt, denn manche Personalverantwortliche schätzen bei der Ausschreibung bestimmter Positionen die postalische Bewerbung. So wurde kürzlich ausgerechnet von einem Online-Anbieter von Outdoorprodukten ein Mitarbeiter für das Online-Shop-Management wie folgt gesucht: »Ihre aussagekräftigen Bewerbungsunterlagen mit Angabe … richten Sie bitte an Chiffre …« Der Stellenanbieter wollte die Bewerbung per Post zugestellt bekommen. Wie manche Zeitgenossen auch in der digitalen Welt mit einem Buch oder einer Zeitung unter dem Arm unterwegs sind, obwohl sie zu jeder Zeit und überall mit ihren mobilen Endgeräten auf die gewünschte Informationen zugreifen können, wünschen sich auch Personaler bisweilen etwas »Handfestes«. Als Grund dafür wird vor allem angeführt, dass Bewerbungsmappen aussagekräftiger seien: Wie ist der erste Eindruck, wenn man solch eine Präsentation in die Hand nimmt? Für welche Mappe hat sich der Bewerber entschieden? Wie sorgfältig sind die Unterlagen geordnet? Und wie benutzerfreundlich sind die Informationen aufbereitet?

Eine Bewerbung in Papierform erfordert auf jeden Fall mehr Mühe und Kosten. Oft zeigt sich auch, wie Bewerber Ressourcen vergeuden oder dem Adressaten das Leben schwermachen. Viele Bewerber versprechen sich Vorteile von einer eindrucksvollen Mappe. Der Handel hat das längst erkannt und bietet nach dem Vorbild eines Flügelaltars gestaltete »Dreiteiler« an, mit denen Personaler nur arbeiten können, wenn ihr Schreibtisch die Größe einer Tischtennisplatte hat. Schließlich möchte man ja mehrere Unterlagen miteinander vergleichen. Das ist eine Zumutung, eine Klemmmappe mit transparentem Deckel ist benutzerfreundlicher. »Gut gemeint«, das stellte der österreichische Schriftsteller und »Fackel«-Herausgeber Karl Kraus einmal fest, »ist ein anderes Wort für schlecht.«

!

Tipps zur Print-Bewerbung

- Weg mit dem Deckblatt! Es ist überflüssig, denn es wird sofort weggeblättert beziehungsweise bei der Online-Bewerbung in den Datenhimmel gescrolled. Der Empfänger möchte sich mit dem Anschreiben und dem Lebenslauf befassen und keine Deckblätter nebst Ganzkörperablichtungen und einem Anlagenverzeichnis bewundern. Inzwischen sind die meisten Bewerbungsunterlagen mit einem lästigen Deckblatt versehen. Damit hat sich das Argument, man müsse doch auffallen, allemal erledigt. An dieser Stelle sei noch der Hinweis erlaubt, dass in einschlägigen Bewerberseminaren eine gigantische Zeitvergeudung mit der Gestaltung solcher Deckblätter betrieben wird. Die Trainingsteilnehmer sind dann ganz angetan von ihren Werken und vergessen eine alte Marketingweisheit: Der Wurm muss dem Fisch schmecken, nicht dem Angler.
- Das Foto gehört auf den tabellarischen Lebenslauf — und zwar rechts oben auf die erste Seite gescanned oder auch geklebt. Der ersten Seite des CV schenkt der Personaler nach dem Anschreiben logischerweise die meiste Aufmerksamkeit. Und wenn er neben den persönlichen Angaben rechts ein Bild sieht, dann passt das doch, weil beides zusammengehört. Bitte machen Sie sich ein Bild von mir, lautet der Appell eines Bewerbers und das gilt im doppelten Sinn. Noch ein Tipp: Achten Sie darauf, dass die Proportionen stimmen und das Foto nicht die Seite dominiert.
- Weg mit Inhaltsverzeichnissen und einer Liste aller Anlagen. Wenn zum Schluss des Anschreibens akribisch aufgeführt wird, was alles in der Mappe zu finden ist, wird die Optik der Seite beschädigt. Außerdem haben wir schon genug Bürokraten.
- Der Volkshochschulkurs »Excel für Anfänger« muss nicht mit einem Zertifikat belegt werden. Irgendwann kann man auch die Schulzeugnisse weglassen. Zeitdiebe werden nicht gebraucht. Es gibt Bewerber, die fügen Kopien von Schwimmpässen und Pilotenscheinen an, obwohl sie sich weder als Bademeister noch als Flugzeugführer bewerben. Warum, fragt man sich als Personaler, schickt mir jemand so etwas? Das gilt übrigens auch für die manchmal nicht enden wollende Mengen an Anhängen bei Online-Bewerbungen.

Zum Schluss dieses Kapitels lesen Sie noch einige Regeln für Online-Bewerbungen. Im Grunde sind es immer die gleichen Fehler, die Personaler beklagen.

Tipps zur Online-Bewerbung !

- Eine Online-Bewerbung ist genauso sorgfältig zu erstellen wie eine postalische Bewerbung. Andernfalls ist man schnell wieder offline.
- Nur empathiefreie Bewerber schreiben in die Betreffzeile »Bewerbung«. Der Adressat möchte schon gern wissen, um was für eine Bewerbung es sich handelt. , Also »Bewerbung als ...«
- Bitte alle Informationen in eine PDF packen. Dann muss man sich die Attachments nicht mühsam zusammensuchen. Logischerweise gehört das Anschreiben nicht in das E-Mail-Fenster, sondern in die Bewerbung.
- Keine Serien-E-Mails branchenweit versenden. Ein guter Eignungsdiagnostiker merkt das und reagiert verstimmt.
- Manche Zeugnisse sind grafisch und farblich edel gestaltet und deshalb werden von Bewerbern gern Farbscans erstellt. Diese können keinen Personaler beeindrucken, wohl aber die Firewall des Unternehmens, die die Bewerbung ablehnt. Bei maximal 5 MB ist meist Schluss.

3.5 Das Anschreiben: Zeig, wer du bist!

Das Anschreiben – im Englischen »Cover Letter« genannt – ist die Visitenkarte eines Bewerbers. Auch hier gibt es in den Medien jede Menge irreführender Berichte. Zurzeit wird immer wieder berichtet, dass Personalbeschaffer einem Anschreiben keine Beachtung schenkten und dieses daher nur eine sinnlose Pflichtübung sei. Auf den Lebenslauf käme es an, nicht auf wohlformulierte Phrasen. Aber genau das ist es ja. Wohlformulierte Phrasen will in der Tat kein Personaler lesen und wenn er diese dennoch serviert bekommt, sagt dies etwas über die Persönlichkeit eines Bewerbers aus.

»Persönlichkeit«, gibt der österreichische Schriftsteller Robert Musil zu bedenken, »ist der Ausgangspunkt und Fluchtpunkt alles dessen, was gesagt wird, und dessen, wie es gesagt wird.« Mit dem Was und dem Wie kann man bereits im Anschreiben zumindest andeuten, wer man ist. Ein verantwortungsbewusster Personaler lässt sich diese Möglichkeit der Eignungsdiagnostik nicht nehmen. Und was kann man mit dem Anschreiben zeigen? Man kann zeigen, dass man

- den richtigen Ton trifft,
- fähig ist, Informationen sinnvoll zu strukturieren,
- in der Lage ist, Prioritäten zu setzen, also das Wesentliche vom Unwesentlichen zu unterscheiden,
- präzise auf den Punkt zu formulieren vermag,

- weiß, wie man einen Brief optisch gefällig gestaltet und
- mit einer Seite auskommt, um auf den Rest der Unterlagen neugierig zu machen.

Da man aus Fehlern anderer lernen kann, folgen einige Bewerbungsschreiben aus der Praxis des Personalberaters. Wie lautet doch noch die älteste Regel der Rhetorik? »Es ist egal, was du sagst – entscheidend ist, wie es ankommt!« Dies richtig einschätzen zu können ist die hohe Kunst der kommunikativen Kompetenz und letztlich auch des beruflichen Erfolgs. Üben Sie sich an den folgenden Beispielen aus der Praxis doch einmal selbst als Psychodiagnostiker. Würden Sie diese Bewerber zu einem Vorstellungsgespräch einladen?

! **Beispiel: Bewerbung als Junior-Berater**

Sehr geehrter Herr Müller-Thurau,

schwierige Zeiten erfordern neue Unternehmensstrategien und die Mobilisierung der Reserven. Dies wird mit zunehmendem Leidensdruck auch vom höheren Management erkannt ...

Mit einer zügigen Bearbeitung meiner Bewerbungsunterlagen würden Sie mir sehr entgegenkommen, da ich mich innerhalb der nächsten Woche entscheiden muss, ob ich eine mir angebotene Stelle im Außendienst annehme.

...

Dieser kleine Ausschnitt aus dem Anschreiben ist psychodiagnostisch bereits aussagekräftig. Der Bewerber startet ungefragt mit einer Diagnose der Verhältnisse, die ja bekanntlich nie so sind, wie sie sein sollten. Unter einem Deutschaufsatz würde stehen: Thema verfehlt! Überdies outet sich hier jemand als Schlaumeier und die sind meist eine Plage. Das Schreiben endet recht unsensibel mit der Drohung, ein anderes Angebot anzunehmen, falls der Personaler nicht aufs Tempo drückt. Und offensichtlich ist dem Bewerber nicht klar, dass zwischen einer Tätigkeit als Junior-Berater und einer Tätigkeit im Außendienst Welten liegen. Kurzum: Er weiß nicht, was er will.

! **Beispiel: Bewerbung als Key-Account-Manager**

Sehr geehrte Damen und Herren,

ich bin nicht der Musterkandidat, auf den Ihre erste Wahl fällt, aber der Kandidat, der auf Ihre Stellenbeschreibung passt.

In Kürze lässt sich nicht ein Eindruck meiner Person aus dem Lebenslauf vermitteln, aber seien Sie sich dessen bewusst, meine Leidenschaft ist der ständige Dialog mit den Kunden, dieses ist der rote Faden, der sich durch mein Berufsleben zieht und welcher mich für diese Position qualifiziert.

...

Es geht hier nicht darum, sich über Anschreiben lustig zu machen, sondern aus den Fehlern anderer zu lernen. Der erste Satz ist unlogisch, denn ein Musterkandidat wäre ja genau derjenige, der zur Stellenausschreibung passt. Außerdem sollte man niemals defensiv starten (»Über SAP-Kenntnisse verfüge ich zwar nicht, aber …«) und schon gar nicht dem Adressaten erklären, dass man in der Bewerbung seine tatsächliche Eignung nicht komplett darstellen könne. Das erwartet ja niemand, denn andernfalls könnte man sich das Vorstellungsgespräch schenken und gleich Anstellungsverträge verschicken. Und Formulierungen wie »seien Sie sich dessen bewusst« gehen gar nicht. Hier sollte man den Personalbeschaffer seine Arbeit machen lassen und der wird aus dem obigen Text schon die richtigen Schlüsse ziehen.

Bei der Gelegenheit ein Hinweis für Leserinnen und Leser, deren Muttersprache nicht Deutsch ist. Es geht nicht um perfekte Formulierungen, sondern es gilt aufzuschreiben, wer man ist und was man will, und dabei den richtigen Ton zu treffen.

Beispiel: Bewerbung als Diplom-Betriebswirtin !

Guten Tag, Herr Claus P. Müller-Thurau,

Sie suchen eine engagierte Diplom-Betriebswirtin und ich suche ein vorausschauendes Unternehmen. Warum kommen wir nicht zusammen?

Denn mitbringen werde ich

50 % Erfahrung

98 % Denkvermögen

98 % Organisationstalent

98 % Teamgeist

98 % Belastbarkeit

Und da mir neben sehr gutem Englisch Französisch nicht »spanisch« ist, können wir es gemeinsam auf 100 % bringen.

Wann darf ich mich vorstellen?

Ist dies das von vielen Bewerbungscoaches angemahnte Feuerwerk, das man als Bewerber entzünden solle? Sind Personaler davon wirklich beeindruckt? Wie reagieren sie wohl auf die kecke Frage: Wann darf ich mich vorstellen? Männliche Personalbeschaffer schauen vielleicht zunächst einmal auf das Foto und jene, die ihre Aufgabe mit der erforderlichen Ernsthaftigkeit betreiben, fragen sich, wozu die Absenderin wohl noch fähig sein könnte. Originalität ist manchmal sehr anstrengend. Man kennt Vergleichbares von Zeitgenossen, die immer witzig sein wollen.

Und was ist von der Anrede »Guten Tag, Herr Claus P. Müller-Thurau« zu halten?

! **Tipps zur Anrede**

Bei Bewerbungen empfiehlt es sich immer, den Empfänger persönlich und mit Nachnamen zu nennen, wenn dieser bekannt ist, also:

- Sehr geehrter Herr Mustermann,
- Sehr geehrte Frau Mustermann,
- Sehr geehrte Frau Mustermann, sehr geehrter Herr Müller,

Bei männlichen und weiblichen Empfängern ist es üblich, dass die Frau zuerst genannt wird — es sei denn, es gibt ein starkes Hierarchiegefälle. Werden Chef und dessen Assistentin adressiert, kommt der Chef zuerst.

In vielen Unternehmen geht es allerdings im Briefverkehr und bei internen E-Mails längst lockerer zu. So haben sich inzwischen auch einige moderne Anredeformeln neben dem klassischen »Sehr geehrte Damen und Herren« etabliert. Dazu zählen beispielsweise:

- Guten Tag, Herr Müller,
- Guten Tag, Frau Mustermann,
- Hallo Herr Müller,
- Hallo, liebe Frau Mustermann,
- Lieber Herr Müller,

Wenn man als Bewerber bereits diverse Gespräche geführt hat und sich ein Vertragsangebot abzeichnet oder bereits vorliegt, kann man einen lockeren Umgangston wählen.

Und wie verhält man sich bei folgender Aufforderung in einem Stellenangebot? »Wenn Du gern in unserem jungen Team mitarbeiten möchtest, freuen wir uns auf Deine Bewerbung, die Du bitte an Marvin Westphal sendest.«

»Sehr geehrter Herr Westphal« oder »Hallo Marvin«? Jetzt ist Empathie gefragt. Es gilt herauszufinden, wie das Du gemeint ist. Geht es eher um Personalmarketing, um junge und kreative Köpfe für ein Start-up zu gewinnen, oder orientiert man sich an den Umgangsformen schwedischer Unternehmen, in denen sich alle unabhängig von der hierarchischen Position mit Vornamen anreden? Wer wegen der Anrede unsicher ist, kann eine Mischform wählen:

»Hallo Herr Westphal,
gern würde ich in Eurem Team erfolgreich mitarbeiten, da ich dafür gute Voraussetzungen mitbringe.«

Wer auf Nummer sicher gehen will, ruft Herrn Westphal an und bittet um weitere Informationen zur Aufgabe: »Hallo, meine Name ist Dustin Hoffmann. Ich hätte noch eine Frage zu dem interessanten Stellenangebot eurer Firma.« Wenn der Angerufene einen jetzt duzt oder mit Dustin anspricht, hat sich geklärt, welche Anrede in der Bewerbung zu wählen ist. Diese sogenannten Formalien sind nicht unwichtig, da sie zeigen, ob man zum Unternehmen beziehungsweise zur Unternehmenskultur passen könnte.

Der Start

Wie fange ich bloß an? Mit dieser Frage plagen sich nicht nur Verliebte, die es drängt, ihre seelische Verfassung zum Ausdruck zu bringen. Auch Bewerber müssen das Ziel ihrer beruflichen Sehnsüchte in Worte fassen. Bekanntlich kann bereits der erste Satz viel verderben. Hier einige abschreckende Beispiele aus der Praxis:

- »Bill Gates hat einmal gesagt ...«
- »Die Globalisierung der Märkte erfordert vom Management ...«
- »Unternehmen, die sich behaupten wollen, müssen in Zeiten des ständigen Wandels ...«
- »Herzlichen Glückwunsch! Ich bin der, den Sie suchen.«

Solche Schlaumeier und Scherzbolde bekommen nach dem ersten Satz bereits die gelbe Karte. Hier ein Vorschlag, mit dem man auf der sicheren Seite ist.

Beispiel: Bewerbung als Key Account Manager/stellenanzeigen.de !

»Ihr Angebot habe ich mit Interesse gelesen und deshalb bewerbe ich mich um diese Aufgabe.« Wie bitte? Das ist doch langweilig. Nein, dieser schnörkellose Satz ist für einen Personaler eine Wohltat, weil er sich nicht mit gedrechselten und verschwurbelten Sätzen aufhalten muss.

»Ihr« als erstes Wort im laufenden Text ist nicht schlecht, denn hier wird der Adressat persönlich angesprochen. Und wenn in der Betreffzeile sinnvollerweise angeführt wurde, worum es geht, muss man nicht noch einmal schreiben, dass man sich als Key Account Manager bewirbt. Das Wort »Aufgabe« zeigt übrigens, dass man verstanden hat, worum es in einer sich zunehmend flexibilisierenden Arbeitswelt geht: Es geht nicht um Stellen oder Positionen, sondern um zu erledigende Aufgaben. Bei Microsoft gibt es beispielsweise auf Basis einer Betriebsvereinbarung den »Vertrauensarbeitsort«, das heißt, der Unternehmensleitung ist es egal, ob die Mitarbeiter im Büro oder am Küchentisch arbeiten.

Der Mittelteil

Nach dem Start beantwortet der Bewerber folgerichtig zunächst die Frage: Was kannst du? Es geht also um die Fachkompetenz, die zwar nicht alles ist, aber ohne die alles nichts ist. Hier erwähnt man seine berufsbezogenen Qualifikationen wie Ausbildungs- und Studienabschlüsse sowie besondere Kenntnisse und Erfahrungen, die zur angestrebten Aufgabe passen.

!

Beispiel: Inhalte für das Anschreiben

»Vor dem Hintergrund einer Ausbildung zur Kauffrau im Groß- und Außenhandel in der Fachrichtung Außenhandel verfüge ich unter anderem über gute Kenntnisse und erste Erfahrungen auf den Gebieten Angebotserstellung, Preisverhandlungen und Zollbestimmungen.

In meinem letzten Anstellungsverhältnis war ich vorrangig verantwortlich für ... Dabei konnte ich insbesondere meine Sprach- und Landeskenntnisse im Umgang mit ausländischen Kunden gut anwenden.«

Oder: »Im Rahmen meiner Praktika bei einem internationalen Logistikunternehmen konnte ich interessante Einblicke in sämtliche betriebliche Abläufe gewinnen und in der Disposition erfolgreich mitarbeiten. Besonders gut gefallen hat mir ...«

Wer ein Studium absolviert hat, erwähnt dies ebenfalls im ersten Satz, etwa so: »Vor dem Hintergrund eines erfolgreichen Studiums mit den Schwerpunkten ... verfüge ich über ...«

Wenn das Thema einer Diplom-, Bachelor- oder Masterarbeit zum Job gut passt, sollte man es (insbesondere als Berufseinsteiger) bereits im Anschreiben nennen — aber auch nur dann. Sonst gehört es in den CV. Sprachen und IT-Kenntnisse gehören nicht in das Anschreiben — es sei denn, es handelt sich um geforderte besondere Qualifikationen wie weniger geläufige Sprachen oder spezielle Programmiersprachen beziehungsweise Netzwerktechniken. Alles andere steht ebenfalls im tabellarischen Lebenslauf, unter den Rubriken Sprachkenntnisse und IT-Kenntnisse. Und: Firmennamen werden im Anschreiben nur genannt, wenn sie einen besonderen Aufmerksamkeitswert haben. Ansonsten sind sie im CV zu finden.

Im mittleren Teil des Anschreibens beantwortet man anschließend die Frage: Wer bist du? Es geht hier also um Persönlichkeitseigenschaften, die sogenannten Soft Skills, die man als Bewerber für sich beansprucht. Hier kann man lügen, dass sich die Balken biegen. Aber darum geht es zunächst gar nicht. Mit den erwähnten Soft Skills sollen Bewerber zeigen, dass sie die Anforderungen der Aufgabe verstanden haben. Meist stehen die fachübergreifenden Qualifikationen im Stellenangebot, aber auf das Ranking kommt es an. Wer sich beispielsweise als Assistent der Geschäftsführung bewirbt und zuallererst seine ausgeprägte Teamfähigkeit betont, hat den Job nicht verstanden. Als Assistent eines Top-Managers ist man dessen »rechte Hand« und sehr einsam. Von einem Team ist weit und breit nichts zu sehen. Hier sind Soft Skills wie Loyalität, Belastbarkeit, Zuverlässigkeit und Verschwiegenheit gefragt.

Tipp: Wer bist du? !

Drei ist eine gute Zahl. Beantworten Sie die Frage nach den persönlichen Stärken zunächst mit drei Soft Skills, die zur angestrebten Aufgabe passen und die Sie später im Vorstellungsgespräch auch glaubhaft belegen können. Wer im Anschreiben »Kommunikationsfähigkeit« anführt und später keinen unfallfreien Satz hinbekommt, schießt sich selbst ab.

Warum ist drei eine gute Zahl? Eine alte Handwerkerregel lautet: »Nach fest kommt ab!« Überdreht man eine Schraube beim Anziehen, fällt sie einem vor die Füße. Das gilt auch für die Auflistung von Soft Skills: »Zu meinen besonderen Stärken zähle ich Teamfähigkeit, kommunikative Kompetenz, Flexibilität, Organisationstalent, Belastbarkeit, Kreativität und interkulturelle Kompetenz.« Hier wird dem Bewerber nicht einmal mehr die erste angeführte Eigenschaft geglaubt. Stattdessen kann man es beispielsweise so machen: »Zu meinen persönlichen Stärken zähle ich Belastbarkeit, Zuverlässigkeit und Flexibilität.« Die genannten Soft Skills müssen allerdings zur Aufgabe passen. Wer richtig gut ist und genau weiß, worauf es im Arbeitsalltag ankommt, fügt noch wie beiläufig hinzu: »Außerdem kann ich sehr gut sowohl selbstständig als auch im Team arbeiten.«

Der Abschluss

Was will der Personaler zum Schluss noch wissen? Er will erfahren, welche Gehaltsvorstellungen der Absender hat und ab wann dieser zur Verfügung steht. Um diese Angaben wird normalerweise im Stellenangebot auch gebeten. Und dann muss man sich noch verabschieden.

Die meisten Bewerber haben Probleme damit, ihre Gehaltsvorstellungen zu benennen. Der Konflikt ist klar: Man will aufgrund unrealistischer Wünsche nicht gleich aussortiert werden, möchte sich aber auch nicht unter Wert verkaufen. Nichts ist ärgerlicher, als später festzustellen, dass mehr möglich gewesen wäre. Was also tun, wenn im Stellenangebot der Wunsch formuliert ist, sich zum Thema Gehalt zu äußern? Eine Spanne angeben, also von bis? Das ist etwas für Feiglinge, die sich nicht festlegen mögen. Man sagt einem Kunden im Verkaufsgespräch bei der Frage nach dem Preis eines Produkts ja auch einen bestimmten Betrag.

Umsteiger, die sich noch in einem Anstellungsverhältnis befinden, können ihr derzeitiges Jahresentgelt nennen. Damit bleibt Spielraum nach oben, denn normalerweise möchte man sich bei einem Jobwechsel verbessern. Zur Not kann man auch Abstriche machen, ohne das Gesicht zu verlieren. Ersteinsteiger nennen – wie im obigen Beispiel – eine Hausnummer, die sie mit einem »ca.« versehen dürfen.

Ein absolutes No-Go zum Gehaltsthema in der schriftlichen Bewerbung ist die Formulierung »Die Gehaltsfrage sollten wir in einem Vier-Augen-Gespräch erörtern«. Solche Sätze erinnern an die Weißkittel-Frage: »Wie geht es uns denn heute?«

Bei vielen Stellenangeboten muss man sich zur Gehaltsfrage nicht äußern, da diese von Anfang an geklärt ist. Das gilt zum Beispiel für die Bezahlung gemäß Tarifvertrag für den öffentlichen Dienst der Länder (TV-L). In Anzeigen liest sich das dann etwa so: BesGr. A8 HmbBesG oder EGr. 8 TV-L.

!

Hinweis für Expatriates: Tarifvertragsrecht (TVG) in Deutschland

Der Tarifvertrag ist ein schriftlicher Vertrag zwischen Arbeitgeber- und Arbeitnehmervertretern. Dabei gelten die folgenden Mindestbedingungen:

- Abweichungen zugunsten der Arbeitnehmer sind möglich (Günstigkeitsprinzip).
- Arbeitnehmer dürfen nicht auf tarifvertragliche Rechte verzichten (Grundsatz der Unabdingbarkeit).
- Festlegung des Geltungsbereichs (zum Beispiel Bundesgebiet, Bundesland etc.).
- Fachlicher Geltungsbereich (Metallindustrie, chemische Industrie etc.).
- Persönlicher Geltungsbereich (Arbeiter, Angestellte, Auszubildende).

Die Besoldung nach BesGr. A8 HmbBesG oder EGr. 8 TV-L (Besoldungsgruppe A8 beziehungsweise Einkommensgruppe 8 im Tarifvertrag für den Öffentlichen Dienst der Länder) heißt beispielweise, dass Ledige ohne Kinder ein Brutto-Monatsgehalt von etwa 2.400 EUR erhalten.

Ausführliche Informationen hierzu finden Sie unter www.Oeffentlichen-Dienst.de.

Im letzten Absatz des Anschreibens geht es darum, sich anständig zu verabschieden. Verzichten Sie auf das Bekenntnis, wie gern Sie den Job hätten und wie toll Sie das Unternehmen finden. Sagen Sie mit einem Satz, warum Sie die Aufgabe und das Unternehmen besonders interessieren. Meist läuft dies auf eine Pflichtübung hinaus, jeder Personaler weiß das und ist gelangweilt. Und nun zur Abgangsformel: »Über eine Einladung zu einem Vorstellungsgespräch würde ich mich freuen.« Wie bitte? Ein Konjunktiv? Der ist doch völlig out. »Ich freue mich auf unser gemeinsames Gespräch.« Dieser Satz wird in Deutschland von Flensburg bis Passau von Bewerbungsberatern dringend empfohlen, die freilich niemals in ihrem Leben je eine Stelle besetzt haben.

Mit den Deutschlehrern in der Schule geht das schon los, wenn Bewerbungen um Praktika besprochen werden, und endet noch längst nicht mit von den Arbeitsagenturen verordneten Bewerbungstrainings. Man müsse doch selbstbewusst auftreten, wird argumentiert. Nein – gesucht werden Frauen und Männer mit einer gesunden Einstellung zum Wettbewerb, mit Realitätssinn und mit der Fähigkeit zur Selbstkritik. Eine Hoppla-jetzt-komme-ich-Mentalität ist nicht gefragt. In Wirklichkeit gibt es keinen Grund, einen Vorstellungstermin als selbstverständlich anzunehmen. Es sei denn, man leidet unter einer narzisstischen Persönlichkeitsstörung. Wohltuend – weil äußerst rar – ist der schlichte Satz: »Über eine Einladung zu einem Vorstellungsgespräch würde ich mich freuen.« Es lebe der Konjunktiv! Man muss sich nicht kleinmachen, aber ein Vorstellungsgespräch würde man ja auch nicht mit dem Satz »Ich freue mich schon auf meinen Vertrag!« beenden.

Tipps zum Anschreiben

!

Auch wenn man kein Native Speaker ist, kann man Stil zeigen. Eine Schriftstellerregel lautet: »Schreib keinen Satz so hin, wie er dir gerade einfällt.« Manche Anschreiben sind stilistisch schaurig und wenn es im Job unter anderem um kommunikative Kompetenz geht, hat sich die Sache oft schon deshalb erledigt.

Aber als Personaler ärgert man sich bisweilen auch über kleinere textliche Unebenheiten – zumal man sich selbst bei der Ausformulierung des Stellenangebots viel Mühe gegeben hat. Daher heißt die Devise: feilen und redigieren!

- Keine Dubletten! Beispiel: »... suche ich eine neue Herausforderung. Da Ihr Unternehmen international tätig ist, wäre es für mich eine besondere Herausforderung ...«
- Keine Schachtelsätze! Drei Kommas in einem Satz ist eins zu viel. Es sei denn, es handelt sich um eine Aufzählung.
- Keine Strich- oder Punktaufzählungen! Dieses Gestaltungsmittel passt in den tabellarischen Lebenslauf – im Anschreiben wirkt es eilig und lieblos.
- Nicht zu viele Substantive! Belastbarkeit, Flexibilität, Teamfähigkeit und kommunikative Kompetenz sind zweifellos gefragt, aber zur Abwechslung klingt ein Eigenschaftswort auch ganz schön. Etwa: »Ich bin belastbar, flexibel und arbeite gern im Team.«
- Sätze nicht zu oft mit Ich beginnen! Beispiel: »Ich habe Ihre Anzeige mit Interesse gelesen und ... Ich habe eine Ausbildung zum ...«
- »Mit herzlichen Grüßen Ihr ...« Mit dieser Abschiedsfloskel ist die Schraube in Sachen Vertraulichkeit überdreht. Es ist schon toll, wie oft Personaler von völlig fremden Menschen herzliche Grüße zugestellt bekommen.

Soweit einige Merkposten zum Stil, über den der englische Schriftsteller und Staatsmann Philip Chesterfield anmerkte, dass er die Kleidung der Gedanken sei. Natürlich muss man als Bewerber kein verkannter Schriftsteller sein, aber es sollte wenigstens deutlich werden, dass man sich beim Texten Mühe gegeben hat.

Sehen Sie sich nun zwei auf Englisch verfasste Anschreiben (»Cover Letter«) an, die besonders gut sind.

! **Beispiel: Cover Letter »Project Manager Telecommunications«**

After going back to Russia I tried working in accountancy. Finally, after graduating I started working in Telecommunications. All of that makes me a very flexible person who easily adapts and meets requirements.

Besides my technical skills and hard work I could contribute with my personality. I am very open-minded and, as some of my friends say, quite talkative. I have no problems making friends. I always try to listen to what people say before judging their views and make my opinion after getting to know a matter at hand. Also, I do not have problems saying what I really think in a polite way. My good friend once said that I am a person who builds bridges among people. I'm convinced that having such person in a team would help in team building and creating the right atmosphere and team spirit.

My salary requirement is €55,000 p.a.

I would be glad to tell you more about myself so please feel free to contact me any time.

I look forward to your kind response.

Best regards,

Agata Pawlow

! **Beispiel: Cover Letter »Application for Internships«**

Dear Sir or Madam,

Today I read your online advertisement with great interest.

I currently study European Management (B.A.). I am approaching the end of my second year.

The focus on internationality and multidisciplinarity is what I especially like about this degree program. Furthermore, I've been acquiring basic knowledge of Business Administration.

I would like to use and develop my skills within the context of an internship in your company.

My personal strengths lie in working purposefully and meeting challenges independently and with interest. Moreover, I am able to work in intercultural teams due to my team spirit, creativity an profound language skills in English.

I would very much appreciate a private meeting with you.

Best regards,

Mike Manson

So nicht: Im Anschreiben bitte vermeiden

Formulierung

»Sie suchen für Ihr Unternehmen einen Vertriebsmitarbeiter im Außendienst zur Übernahme von konzeptionell-strategischen Aufgaben im operativen Tagesgeschäft, zur Betreuung und Erweiterung Ihres Kundenstamms mit den erforderlichen kaufmännischen und persönlichen Fähigkeiten und Eigenschaften sowie …«

Kommentar Personalberater

Spätestens bei dem Wort »sowie« sind auch dem besonders leidensfähigen Personaler die Füße eingeschlafen. Also bitte im Anschreiben nicht den Text der Stellenanzeige wiederholen, sondern darstellen, was Sie dem Unternehmen zu bieten haben.

Formulierung

»Ihr Unternehmen genießt weltweit einen hervorragenden Ruf und hat sich durch innovative Produkte einen einzigartigen Namen gemacht. Die Unternehmenskultur ist vorbildlich und …«

Kommentar Personalberater

Lobhudeleien kosten nur Zeit und haben keinen Informationswert. Natürlich kommt hier oft der Einwand, man müsse doch begründen, warum man sich bei einer bestimmten Firma beworben habe. Das Beste ist jedoch, auf die Aufgabe und die vermutete Übereinstimmung mit dem persönlichen Profil einzugehen.

Formulierung

»Ich suche schnellstmöglich eine neue spannende Tätigkeit.«

Kommentar Personalberater

Das Wort »spannend« gehört gestrichen. Dies klingt nach Rosinen picken und geht an der beruflichen Wirklichkeit vorbei, die leider auch viele Routinetätigkeiten beinhaltet. Und »schnellstmöglich« weckt die Sorge, dass da jemand übereilt in eine neue Aufgabe stolpern könnte.

Formulierung

»Auch ohne ein entsprechendes Studium nachweisen zu können, bin ich davon überzeugt, Ihren Anforderungen zu entsprechen.«

Kommentar Personalberater

Im Geschäftsleben gibt es Soll und Haben, im Anschreiben gilt es jedoch, nur die Habenseite herauszustellen. Alles andere wird gegebenenfalls vor Ort geklärt. Und mit Sätzen wie »Ich bin überzeugt, dass ...« mischt man sich in die Entscheidungsbefugnisse des Personalers ein.

Formulierung

»Die Gründe für den angestrebten Wechsel würde ich Ihnen gern in einem persönlichen Gespräch erläutern.«

Kommentar Personalberater

Solche Sätze liest man häufiger und sie verheißen nichts Gutes. Man darf sich als Personaler auf umständliche Begründungen gefasst machen, warum jemand schon wieder wechseln will und dass er ohne eigenes Verschulden in eine missliche Lage geraten sei. Weg also mit solchen Ankündigungen, die durchaus auch wie eine Drohung wirken können.

Formulierung

»Ich bitte darum, meine Bewerbung vertraulich zu behandeln.«

Kommentar Personalberater

Hier wird unterstellt, dass Personaler Plaudertaschen sind oder nichts Besseres zu tun haben, als sich bei Kollegen nach der Eignung eines Bewerbers zu erkundigen und damit dessen Veränderungswunsch publik zu machen. Wenn Sie sich in einer überschaubaren Branche bewerben und Angst vor einer Indiskretion haben, dann erwähnen Sie Ihren derzeitigen Arbeitgeber in den schriftlichen Unterlagen nicht namentlich. Viele Betriebe verfahren ja ähnlich, indem sie anonym unter der Adresse einer Personalberatungsfirma suchen. Und wenn Sie sich bei einer Personalberatung bewerben, dann fügen Sie einen entsprechenden Sperrvermerk hinzu (»Bitte meine Unterlagen den Firmen x und y nicht vorlegen.«).

Formulierung

»Ich freue mich sehr darauf, in einem persönlichen Gespräch mehr über Ihr Unternehmen zu erfahren.«

Kommentar Personalberater

Diese Formulierung verfehlt den Zweck eines Vorstellungsinterviews. Es gilt festzustellen, ob das Anforderungsprofil der Aufgabe mit dem Leistungs- und Persönlichkeitsprofil des Kandidaten übereinstimmt. Und bei dieser Gelegenheit wird der Bewerber auch noch etwas über die Firma erfahren.

Formulierung

»Ich bin mir sicher, dass Sie mit der Wahl meiner Person die richtige Entscheidung treffen. Bitte geben Sie mir die Möglichkeit, mich Ihnen in einem persönlichen Gespräch vorzustellen.«

Kommentar Personalberater

Mangelnde Selbstkritik wird bei Nachwuchskräften besonders oft als Schwäche ausgemacht. Insofern ist der erste Satz völlig daneben. Der zweite Satz bildet das Kontrastprogramm, indem er servil formuliert ist. Ein Bewerber ist kein Bittsteller und wenn er sich so aufführt, hat er meist einen unguten Grund dafür.

3.6 Der tabellarische Lebenslauf: das Big Picture

Sag mir, wo du herkommst, und ich sage dir, wohin dich dein Weg führen wird – Das klingt etwas vermessen, beschreibt jedoch den Sachverhalt recht treffend: Der Lebenslauf soll zeigen, was bisher passiert ist, und die Personalfachleute wagen auf Grundlage dieser Informationen eine Prognose über das, was zukünftig passieren wird. Hat der Interessent aufgrund seiner Bildungsbiografie das Zeug dazu, die angestrebte Aufgabe zu meistern? Und hier spielt nicht nur die tatsächliche Biografie eine Rolle, sondern auch die Art und Weise, wie man diese im CV präsentiert. Die Tragik vieler Zeitgenossen besteht darin, dass sie durchaus talentiert sind, dies aber leider niemand bemerkt.

Das gilt vor allem auch für jene Werdegänge, die nicht ganz so sind, wie sie sein sollten. Da zeigt sich im CV beispielsweise, dass jemand aufgrund von Fehlentscheidungen in einer beruflichen Sackgasse gelandet oder in der Probezeit gescheitert ist. Mal sind die Zeugnisse suboptimal, mal wurde zu häufig der Job gewechselt. Viele Bewerber gehen mit solchen kleineren oder größeren Kalamitäten ungeschickt um und verringern dadurch ihre Chancen, überhaupt eingeladen zu werden.

Struktur! Struktur! Struktur!

Wenn Sie im Jobportal monster.de den Suchbegriff »Strukturiertes Arbeiten« eingeben, kommt die Meldung »1,000+ Strukturiertes Arbeiten Jobs entsprechen Ihren Suchkriterien«. Selbststrukturierung ist ein unverzichtbares Soft Skill, denn es gilt im Berufsleben Kundengespräche, Verkaufsberichte, Meetings, Projekte und vieles mehr zu strukturieren. Mit dem tabellarischen Lebenslauf kann man schon einmal zeigen, dass man dazu fähig ist.

Die folgenden Überschriften bieten sich je nach persönlicher Biografie für die Sortierung der Informationen im CV an:

- persönliche Daten,
- Schule,
- Berufsausbildung/Berufsfortbildung,
- Wehr-/Zivildienst oder FSJ/BFD (fakultativ),
- Studium,
- beruflicher Werdegang,
- studienbegleitende Aktivitäten,
- Praktika,
- Weiterbildungen,
- Sprachen,
- IT-Kenntnisse,
- Methodenkenntnisse,
- Auslandserfahrungen,
- ehrenamtliche Tätigkeiten,
- Hobbys/Freizeit.

Dass links auf der Seite jeweils die Zeitangaben zu stehen haben und rechts das, was man gemacht hat, ist selbstverständlich. Ein mangelhafter Gestaltungswille oder optische Unebenheiten werden natürlich abgestraft. Das gilt auch für fehlende Transparenz im Lebenslauf. Wer Lücken lässt und Stationen im Werdegang unklar definiert, muss damit rechnen, dass der Personaler darauf zunächst einmal mit negativen Mutmaßungen reagiert. Zu oft werden Phasen der Arbeitslosigkeit hinter der vermeintlich anspruchsvollen Formulierung »Tätigkeit als freier Berater« oder so ähnlich versteckt. Im Vorstellungsgespräch stellt sich dann nicht selten heraus, dass es sich hier um heiße Luft handelt. Geradlinigkeit kommt besser an.

Viele Bewerber stellen ihre EDV-Kenntnisse und ihr Sprachwissen unter einer Überschrift dar. Dieses Vorgehen macht dem Personaler viel Arbeit, denn er muss diese Kenntnisse — die ja recht wenig miteinander zu tun haben — auseinandersortieren. Und so besteht die Gefahr, dass etwas übersehen wird, weil beispielsweise die Rubrik »Sonstige Kenntnisse« eher einen Informationsbrei bietet.

Die Überschrift »Methodenkenntnisse« findet sich immer noch recht selten im tabellarischen Lebenslauf. Doch ob Projektmanagement, Zeitmanagement, Konfliktmanagement, Kreativitätstechniken, Verhandlungstechniken, SWOT-Analyse, Balanced Scorecard oder morphologische Analyse — mit solchen fachübergreifenden Tools und Kompetenzen kann man als Bewerber zusätzlich punkten.

!

Hinweis für Expatriates

In Deutschland wird zwischen Ausbildung, Fortbildung und Weiterbildung unterschieden und deshalb sind dafür unterschiedliche Rubriken vorzusehen. Auch Bildungsmaßnahmen in anderen Ländern sollte man im Lebenslauf einigermaßen passend zuordnen. Worin bestehen die Unterschiede?

Ausbildung

Berufsausbildung, Ausbildung im dualen System (Unternehmen und Berufsschule), berufsqualifizierendes Studium. 2016 gab es in Deutschland 328 anerkannte Ausbildungsberufe.

Fortbildung

Vertiefung und Erweiterung vorhandener Qualifikationen und Kompetenzen. Fortbildungsmaßnahmen werden nach dem Berufsbildungsgesetz (BBiG) aufgefächert nach Erhaltungsfortbildung, Erweiterungsfortbildung, Anpassungsfortbildung und Aufstiegsfortbildung, zum Beispiel Meisterprüfung oder Erwerb von Fachwirt-Qualifikationen. Für Bewerberinnen und Bewerber, die Abschlüsse außerhalb der Bundesrepublik Deutschland erworben haben, könnte gegebenenfalls eine Anpassungsfortbildung sinnvoll sein.

Weiterbildung

Veränderung und Neuorientierung in den Qualifikationen und Kompetenzen, zum Beispiel Umschulungen oder das Erlernen einer Fremdsprache. Weiterbildung kann auch autodidaktisch erfolgen.

So kann man es machen

Zum Glück gibt es noch keine Vorschrift, wie ein Lebenslauf zu gestalten ist. Aber es gibt einen Grundsatz, den jeder Bewerber beherzigen und gekonnt umsetzen sollte: Unterstütze den Adressaten der Bewerbung bei seiner Entscheidungsfindung mit einem gut gegliederten und lückenlosen Lebenslauf. Die beiden folgenden Beispiele zeigen, wie das aussehen kann.

ARBEITSHILFE ONLINE

Lebenslauf

Name

Anschrift

Mobil

E-Mail

Geburtsdatum/-ort

Staatsangehörigkeit

(Foto)

Berufspraktische Erfahrungen

Seit 1/10	AX Corporate Solutions XY
	Internationales Personalmanagement (Dualstudium)
	Internationale Mobilität, Personalauswahl, Internationalisierung der HR-Struktur, Führungskräfteentwicklung, Karriereplanung, Compensation and Benefits
01/09—10/09	Société Nationale des XY
	Soziologische Studie im Rahmen des Masterstudiums
	Begleitung von organisatorischem Wandel (Interviews, Analyse des Organisationssystems, Ergebnispräsentation)
01/07—12/07	Centre Français de XY
	Praktikum im Vermittlungsbüro
	Coaching von deutschen und französischen Jugendlichen, Mobilitätstraining, Leitung von Kursen über Arbeitsrecht, Übersetzung juristischer Verträge
01/06—11/06	Online-Marketing-Firma XY
	Praktikum als Assistentin der Geschäftsleitung
	Organisation von Personaleinsatz und Arbeitszeiten, Suchmaschinenmarketing, Erstellen, Optimieren und Übersetzen von Webseiten
01/05—12/05	Sprachschule Centro XY
	Praktikum im IT-Support
	Übersetzungs- und Recherchearbeiten, Webseiten-Optimierung, Layout

Akademischer Werdegang

2009—2011	Institut d'Etudes Politiques de XY MA Gestion des Ressources Humaines Internationales Personalmanagement, Arbeitsrecht, Organisationssoziologie, empirische Sozialforschung, strategische Unternehmensführung Stipdendien: Deutscher Akademischer Austauschdienst (DAAD) und E-fellows.net für weit überdurchschnittliche Studienleistungen und außeruniversitäres Engagement
2007—2008	Institut d'Etudes Politiques de XY Auslandsstudium European Studies, Soziologie
2005—2009	Universität XY BA European Studies, Abschlussnote 1,3 Bachelorarbeit: Geschlechtsstereotype als Zugangsbarrieren zu Führungspositionen?
2005	Gymnasium XY Allgemeine Hochschulreife, Abschlussnote 1,4 »Prix-Apollinaire« der Robert Bosch Stiftung für außerordentliche Leistungen im Abiturfach Französisch

Fremdsprachen- und IT-Kenntnisse

Französisch	Verhandlungssicher: TCF-Niveau C1, 3 Jahre Studium und Berufserfahrung in Frankreich
Englisch	Sehr gute Kenntnisse: TOEFL /105/120), IELTS (7/9)
Spanisch	Sehr gute Kenntnisse: Schul- und Universitätskurse, Praktikum und Sprachkurs in Barcelona
IT	Umfassende Kenntnisse in MS Office, HTML und Internet

Soziales Engagement

Seit 2009	Sciences Po Paris Organisation von Gesprächskreisen mit Experten aus dem Bereich Personalmanagement
2008—2009	Lust an Politik und XY Organisation von Workshops, Vortragsreihen und Gesprächsrunden zu gesellschafts-, außen- und entwicklungspolitischen Themen
2005—2009	Kuwi Netzwerk International XY Mitarbeit in der Messegruppe als Verbindung zwischen der Universitäts- und der Arbeitswelt

Interessen	Literatur, Sport (Tanzen, Fitness, Surfen, Snowboarden)

ARBEITSHILFE ONLINE

Curriculum Vitae – Angela Jeschke

Angela Jeschke
Bergstraße 7
30171 Münden, Germany
jeschke.angela@gmail.de
+49 155 77707277
Born 20 July 1988 Posnan, Poland

(Foto)

Education

09/98–05/06	High School S. Wyspianski, Posnan, Poland Fields of study: mathematics, physics

Studies

10/06–12/08	University of Manchester Faculty of economics and sociology MSc, informatics and econometrics Specialization: computer science in economics
01/09–01/10	University of Mons, Belgium HEC Management School Erasmus Students' Exchange Programm

Activites during studies

10/10–01/11	IT internship, France Inter, Nantes, France System for automatic online protection Basic French Certificate (A1), University of Mons, Belgium
Since 10/08	AIESEC – International Association Students of Economics

Language Skills

Polish: native speaker
English: advanced (certificated in 2006)
French: basic
German: basic

Achievements and courses

ISTQB International Software Testing Qualifications Board Certificate
Advanced English Course Cerificate, Mons

Interests

Literature and movies: detective stories, fantasy
Sport: climbing, swimming, squash

Der CV »American Style«

In der Praxis kommen oft Bewerbungen an, die wie folgt gestaltet sind:

Curriculum Vita von Pierre Bachmann

Persönliche Daten
Geb. am 2.12.85 in Elmshorn
Tannenweg 18
22222 Pinneberg
0175 454545454
Pierre_Bachmann_85@hotmail.de

(Foto)

Beruflicher Werdegang

Seit 06/16	Arbeitssuchend
07/13—05/16	Projektmanager Firma Meyer & Sohn
01/11—06/13	Junior-Berater KMMG
07/06—12/10	Finanz- und Rechnungswesen Hagemann GmbH

Schule

91—04	Wirtschaftsgymnasium Abitur

Berufsausbildung

08/04—06/06	Kaufmann im Groß- und Einzelhandel Hagemann GmbH

...

Vorbild bei der Gestaltung des hier gezeigten CV ist der seit einigen Jahren dringend empfohlene Lebenslauf »reverse chronological«. Zum Glück gibt es noch keine bindende EU-Vorschrift zur Gliederung des Lebenslaufs, denn in dem oben vorgestellten Fall ist es unklug, die Last-job-first-Version (amerikanischer Lebenslauf) zu verwenden. Die erste Botschaft nach den persönlichen Angaben lautet ja, dass der Kandidat schon ziemlich lange vergeblich eine neue Aufgabe sucht. Da stimmt wohl etwas nicht, könnte man vermuten, und wenn die Zahl der Interessenten hoch ist, landet diese Bewerbung schnell im Absagen-Ordner.

Hier ist also die klassische Variante der CV-Gliederung zu empfehlen. Da erfährt der Adressat nämlich zunächst etwas über die Erfolge des Kandidaten: Schule und Ausbildung sind erfolgreich abgeschlossen und der Berufseinstieg unmittelbar nach Ende der Ausbildung ist ebenfalls geglückt. Dann folgen eventuell weitere berufliche Stationen, die positiv zu bewerten sind und auf den Bewerber neugierig machen. Der Umstand, dass es zurzeit nicht rund läuft, wird aufgrund der Vorkenntnisse in einem günstigeren Licht gesehen. Und um bei dieser Gelegenheit ein Missverständnis aus der Welt zu schaffen: Es heißt immer, dass Personaler sich für die Gegenwart eines Bewerbers interessierten und nicht für dessen Vergangenheit. Also: »Sag mir, wo du jetzt stehst, und ich sage dir, wie es beruflich weitergeht!« Für eine solide Eignungsdiagnostik gilt wie bereits geschrieben: »Sag mir, wo du herkommst, und ich sage dir, wohin dich deine berufliche Reise führt!«

Übrigens beginnt auch der amerikanische Lebenslauf mit »Education«. »Reverse chronological« heißt »last job first« und bezieht sich damit auf den beruflichen Werdegang.

3.7 Das Foto im CV: So kommen Sie gut rüber

»Danke, wir wollen Sie nicht sehen!« Diese Bitte von Siemens an Bewerber hat 2016 in den deutschen Medien viel Aufmerksamkeit geweckt, denn zu einer typisch deutschen Bewerbung gehört – anders als in den USA oder in Großbritannien – immer noch ein Foto. Es wird in Stellenausschreibungen erwartet, dass die interessierten Bewerber vollständige Bewerbungsunterlagen, aussagekräftige Unterlagen oder übliche Bewerbungsunterlagen an die Unternehmen übermitteln. Die Mehrzahl der Firmen fordert seit der Verabschiedung des Allgemeinen Gleichbehandlungsgesetzes weder auf der Unternehmens-Homepage noch in dem Stellenangebot ausdrücklich ein Bewerbungsfoto ein. Wer sich online bewirbt und dazu eine Dialogmaske auf der Homepage nutzt, hat gar keine Möglichkeit, ein Foto beizufügen.

In der Praxis möchten insbesondere die Bewerber auf ein Foto ungern verzichten. Das zeigt sich schon daran, dass Jobaspiranten viel Aufwand betreiben, um sich optisch gefällig zu präsentieren und damit auch die Zahl der einschlägig spezialisierten Fotostudios wächst. Und da kann man als Recruiter so einiges erleben: Bewerber mit Hund oder Kind, mal lässig am Gartenzaun lehnend, mal in der Küche – offenbar bei einer Fete aufgenommen – mit leeren Flaschen im Hintergrund. Solche Schnappschüsse gehören ins Familienalbum, aber keinesfalls in den tabellarischen Lebenslauf.

Manche Bewerber muss man auch vor den auf Bewerbungen spezialisierten Fotografen schützen. Empfohlen werden zurzeit abgeschnittene Schädeldecken oder vor der Brust verschränkte Arme. Manchmal wird gegen Aufpreis solange retuschiert, dass man als Personaler einen zum Vorstellungsgespräch erschienenen Kandidaten mit den Worten »Was wollen Sie denn hier?« begrüßen möchte. Der Mensch, der vor einem steht, hat wenig mit dem Foto zu tun, das man sich gerade noch angesehen hat.

!

Tipps zum Foto

- Lassen Sie sich von einem Fotografen und nicht vom Automaten am Bahnhof ablichten. Ein Starfotograf muss es nur sein, wenn Sie sich als Model bewerben.
- Format: höchsten 6 x 4,5 Zentimeter. Viele Fotos sind zu groß (ob als Scan oder Printversion) und verderben die Proportionen des tabellarischen Lebenslaufs. Bisweilen wirken übergroße Bilder auch eitel.
- Die Kleidung sollte zum vermuteten Dresscode der Firma beziehungsweise der Branche passen. Tätowierungen sind grundsätzlich kein Tabu mehr, aber nicht alle Motive werden akzeptiert.
- Farbe oder Schwarzweiß? Das ist eigentlich egal. Entscheiden Sie, wie Sie sich am liebsten mögen.
- Das Foto gehört trotz ständiger gegenteiliger Empfehlungen auf den tabellarischen Lebenslauf — und zwar oben rechts —, nicht auf ein allemal überflüssiges Deckblatt.
- Last not least: Ein gutes Foto kann die Aufmerksamkeit einer Bewerbung erhöhen und ein fehlendes Foto kann dazu führen — so ist nun einmal die Realität —, dass eine Bewerbung gar nicht beachtet wird. Natürlich spielt das äußere Erscheinungsbild eine Rolle, deshalb sollte sich niemand verstecken. Und wer eventuell wegen der Optik in das eine Unternehmen nicht passt, passt in ein anderes umso besser.

3.8 Was Personaler misstrauisch macht

Viele Bewerberinnen und Bewerber mühen sich mit der Frage ab, wie sie Misserfolge im Lebenslauf kaschieren können, die ihre Chancen im Auswahlverfahren verringern. Ein erfahrener Personaler weiß allerdings, wo er genauer hinsehen muss. Schauen Sie sich bitte unter diesem Gesichtspunkt den folgenden Ausschnitt aus einem Lebenslauf an.

Studium	
03/07—10/12	Studium der Wirtschaftswissenschaften an der Universität Hamburg
Beruflicher Werdegang	
06/08—10/10	Studentische Hilfskraft am Institut für Betriebswirtschaftslehre Universität Hamburg
2011—2012	Eventmanager bei der Agentur »dialog«
01/13—01/14	Praktikum Meinungsforschungsinstitut Prägnant
Seit 2015	Beratungstätigkeit Institut für Demoskopie

Was stört beim Lesen dieses CV? Der erste Täuschungsversuch fällt bereits bei der Erwähnung des Studiums der Wirtschaftswissenschaften auf. In fast allen solchen Fällen sucht man vergeblich in den Unterlagen nach einem Abschlusszeugnis (Diplom, Bachelor oder Master). Kein Wunder, denn das Studium wurde abgebrochen oder der Studierende hat das Examen nicht geschafft. So etwas kann passieren und ist auch keine Schande. Grenzwertig ist allerdings die Spekulation, bei einem vielleicht weniger aufmerksamen Leser als erfolgreicher Absolvent durchzugehen. Wer sich hier angesprochen fühlt, füge bitte als Zusatz in Klammern »ohne Abschluss« an. Hier gibt es Punkte für Integrität.

Die dann folgende Darstellung des beruflichen Werdegangs ist eine Mogelpackung. Hier wird zusammengefügt, was nicht zusammengehört. Praktika und studienbegleitende Tätigkeiten müssen als solche auch benannt werden. Und ein Praktikum gehört definitiv nicht zum beruflichen Werdegang. Außerdem kommt beim Personaler wenig Freude auf, wenn er die einzelnen Posten auseinandersortieren muss.

Missmutig stimmen auch die großzügigen Zeitangaben, bei denen nur mit Jahren hantiert wird: »2011—2012 Eventmanager«. Das könnte eine Verweildauer von immerhin zwei Jahren bedeuten, stimmt aber gar nicht. Der Blick ins Arbeitszeugnis verrät, dass der Bewerber die Firma bereits nach zehn Monaten wieder verlassen hat. Seit 2015 ist der Bewerber in einem Institut für Demoskopie als Berater tätig. Gut wäre es zu wissen, ob er im Januar oder im Dezember des Jahres begonnen hat. Personalbeschaffer fühlen sich bei solchen vorsätzlichen Interpretationsspielräumen hinters Licht geführt. Die Glaubwürdigkeit eines Bewerbers wird auf diese Weise beschädigt.

3.9 Der Lebenslauf: Das ist Betrug

In Deutschland spielen Zeugnisse und Zertifikate eine große Rolle. Das hängt unter anderem mit unserem Arbeitsrecht und der daraus resultierenden Absicherungsmentalität der Entscheidungsträger in Personalfragen zusammen, aber leider auch mit Hochstaplern und Betrügern im Kreis der Bewerber. Man denke an jenen Postboten, der mit gefälschten Dokumenten jahrelang unter dem Namen »Dr. Dr. Bartholdy« als Arzt praktizierte, oder an die Frau, die niemals ein Staatsexamen abgelegt hat, aber als Lehrerin im Staatsdienst mehrerer Bundesländer angestellt war.

Für erhebliches Aufsehen sorgte 2016 Petra Hinz, die mit einem dreist gefälschten Lebenslauf als Politikerin Karriere machte. In ihrem der Öffentlichkeit zugänglichen Lebenslauf war nachzulesen, dass die Abgeordnete des

Deutschen Bundestags die Allgemeine Hochschulreife erworben, dann anschließend Rechtswissenschaften studiert und die erforderlichen Staatsexamina abgelegt habe. Im beruflichen Werdegang führte sie eine Tätigkeit als Juristin an. Nichts davon stimmte, alles war erfunden und über viele Jahre hatte das (angeblich) niemand bemerkt.

Vor diesem Hintergrund ist es nicht verwunderlich, dass immer mehr Unternehmen Bewerberunterlagen verifizieren lassen — vor allem Ausbildungs- und Studienabschlüsse, aber auch sonstige relevante Auskünfte und Referenzen. Nach Studien der Control Risk Group[6] machen zwölf Prozent der Bewerber falsche Angaben über ihren beruflichen Werdegang. Und bei welchen Themen wird am häufigsten gemogelt?

- Daten zur Beschäftigung: 30 Prozent,
- Qualifikationen: 18 Prozent,
- Gehaltsangaben: 13 Prozent,
- Daten zum Lebenslauf: elf Prozent,
- Verhältnis zum ehemaligen Arbeitgeber: sechs Prozent,
- Position: vier Prozent,
- Führungsverantwortung: ein Prozent.[7]

!

Achtung: Arglistige Täuschung

Was kann ein Unternehmen tun, wenn sich ein Mitarbeiter mit gefälschten Zeugnissen oder Unterlagen beworben hat und das erst auffällt, nachdem er schon eingestellt ist? Der Arbeitgeber kann das Arbeitsverhältnis wegen arglistiger Täuschung anfechten und damit den Mitarbeiter sofort entlassen. Voraussetzung ist, dass der Bewerber bezüglich seiner Ausbildung oder seiner beruflichen Qualifikationen gelogen hat, um damit die Einstellung zu erwirken. Falsche Angaben beispielsweise zu Hobbys oder Interessen spielen keine Rolle.

3.10 Wie darf man seinen Werdegang »schönen«?

Natürlich darf und sollte man sich in der schriftlichen Bewerbung positiv darstellen — ohne allerdings die Tatsachen zu verfälschen. Es empfiehlt sich grundsätzlich, beherzt mit eventuellen scharfen Biegungen im eigenen Lebenslauf umzugehen. Das gilt erst recht im Vorstellungsgespräch. Offenheit wird eher belohnt als der meist untaugliche Versuch, Misserfolge oder Fehlentscheidungen verbergen zu wollen.

---

[6] www.controlrisks.com

[7] Quelle: Norman M. Spreng/Stefan Dietrich: Studien- und Karriere-Ratgeber für Juristen, Springer Verlag 2006, Seite 184

Bei welchen vermeintlichen Unebenheiten im Werdegang muss man sich keine Sorgen machen? Muss der Werdegang im CV wirklich komplett lückenlos abgebildet werden? Nein – eine überschaubare zeitliche Lücke zwischen dem Abschluss einer Berufsausbildung oder einem Studium und dem Start ins Berufsleben ist überhaupt nicht anrüchig. Man darf diese Zäsur in der Biografie gern für eine längere Reise nutzen. Weniger gut klingt es, wenn solch eine Unternehmung als »Studienreise« überhöht wird. Man kann ruhig schreiben, dass man sich erst einmal eine Auszeit gegönnt hat, denn nach dem Start ins Berufsleben ergibt sich so bald keine Chance mehr dazu. Man kann ja nicht bereits nach einem Jahr im Beruf dem Arbeitgeber mit dem Wunsch nach einem Sabbatical (zwölf Monate Auszeit) kommen.

Ein wenig Wortkosmetik ist auch erlaubt. Wie benennt man Phasen der Arbeitslosigkeit? Arbeitslos? Kann man schreiben, klingt aber nach Behörde. Arbeitssuchend? Klingt dynamischer, wirft aber die Frage auf, ob die betreffende Person in der Zeit nicht auch noch etwas anderes gemacht hat. Aktiv arbeitssuchend? Wer gefragt wird, worin der Unterschied zwischen den beiden letzten Bezeichnungen für eine Lücke besteht, kommt in Schwierigkeiten. Besser ist die Formulierung »ohne Anstellung«. Sie benennt den derzeitigen Status am Arbeitsmarkt, lässt jedoch die Möglichkeit offen, dass man in dieser Zeit durchaus beschäftigt war.

Krankheiten und Reha-Phasen sind bei manchen ein schicksalhafter Teil der Biografie. Die dadurch entstandenen Lücken sollten nicht ausgeblendet werden. Unerfreuliche Lebensperioden, die gemeistert wurden, können bekanntlich die Persönlichkeit festigen. Es gibt Personaler, die das durchaus so sehen oder selbst einmal betroffen waren.

Möglicherweise geht dieser offene Umgang mit Schwächen und Defiziten manchen zu weit. Sie vermissen eine Strategie des Sich-Verkaufens, das clevere Selfmarketing. Natürlich sollen sich Bewerberinnen und Bewerber von der besten Seite zeigen – nämlich als glaubwürdige und integre Menschen. Genau das ist die Strategie und sie hat den Vorteil, dass man sich nicht verbiegen muss. Wer Legenden aufbaut, kommt später im Vorstellungsgespräch schnell ins Schleudern: Hoffentlich fliegt das konstruierte Bild der Wirklichkeit nicht auf! Und dann gerät man bald in eine mentale Schieflage und interpretiert jeden Blick des Interviewers als bösen Blick. Hat er mir wohl meine Erklärungen abgenommen oder nicht?

Worin liegt der Unterschied zwischen einer Lüge im CV und dem zulässigen Marketing in eigener Sache? Was ist dem Bewerber erlaubt? Es ist grundsätzlich erlaubt, von den berühmten zwei Seiten einer Medaille die vorteilhaftere zu präsentieren. Eine Anekdote mag erhellen, was gemeint ist.

Harun Al Raschid, der berühmte Kalif von Bagdad, hatte einmal einen schlimmen Traum. Er ließ, wie es seinerzeit im Morgenland üblich war, einen Traumdeuter an den Hof kommen, um sich die Zukunft auf der Grundlage seiner nächtlichen Visionen vorhersagen zu lassen. Der angereiste Traumdeuter hatte keine Ahnung von der Suggestibilität des Menschen und der Suggestivkraft der Sprache. Er hörte sich den Traum des Potentaten an und sagte: »Ehrwürdiger Herrscher, ich habe eine schlechte Nachricht zu überbringen. Ihr werdet alle Eure Angehörigen verlieren.« Wegen seiner üblen Nachricht wurde der Traumdeuter geköpft. Bekanntlich werden Überbringer unangenehmer Botschaften auch heutzutage meist nicht gut behandelt.

In Bagdad wurde damals ein weiterer Traumdeuter bestellt und der wusste, dass Menschen im Gleis der Sprache denken, fühlen und handeln. Er hörte sich den Traum des Kalifen an und kam dann zu der Schlussfolgerung: »Ehrwürdiger Herrscher, ich habe eine wunderbare Nachricht zu übermitteln. Ihr werdet alle Eure Angehörigen überleben.« Der Überlieferung zufolge kam diese Nachricht gut an und der Traumdeuter wurde mit einem Sack voll Gold beschenkt.

Oftmals geht es in der schriftlichen Bewerbung und auch später im Vorstellungsgespräch darum, einen auf den ersten Blick unerfreulichen Tatbestand in ein milderes Licht zu rücken. Man darf nur nicht versuchen, den Adressaten der Bewerbung zu täuschen.

Tipps zum Lebenslauf !

- Der berufliche Werdegang muss nicht auf den Monat genau belegt werden. Wer zwischen zwei Anstellungen eine Lücke von zwei Monaten hat, muss das im tabellarischen Lebenslauf nicht extra anführen und ohne Anstellung dazuschreiben. Manchmal werden wechselwillige Mitarbeiter, insbesondere im Vertrieb, sofort freigestellt und pausieren dann eben bis zum Start bei ihrem neuen Arbeitgeber. Das kann man dann im Vorstellungsgespräch erläutern.
- Eine größere zeitliche Lücke begründen manche Bewerber mit einer bewusst geplanten Auszeit, um beispielsweise mit dem Partner endlich die erträumte Weltreise zu machen. Das ist völlig in Ordnung und mancher Personaler mag ähnliche Träume hegen.
- Wenn Sie sich als Bewerber in keinem festen Anstellungsverhältnis befinden, so endet Ihr tabellarischer Lebenslauf mit den Zeitangaben zur letzten Anstellung. Schreiben Sie danach nicht »seit xx/yy arbeitssuchend«. Was selbsterklärend ist, darf unbegründet stehen bleiben. Bei manchen Lebensläufen springt einen auf einer Seite gleich mehrmals das Wort »arbeitssuchend« an. Das kann auch entfallen, ohne den Lebenslauf zu verfälschen.
- Wer nach dem Ausbildungs- oder Studienabschluss bereits eine Weile auf Jobsuche ist, verfährt sinngemäß wie ein Berufstätiger. Er gibt an, wann die Ausbildung oder das Studium begonnen und beendet wurde. Auch diese Lücke im Lebenslauf ist selbsterklärend.

- Zwischen zwei Lebensabschnitten (Ausbildung/Studium und Berufseintritt) darf man sich eine Auszeit nehmen, ohne einer mangelnder Eignung für die Arbeitswelt bezichtigt zu werden. Die Lücke sollte freilich nicht zu groß sein, sonst setzt sich der Bewerber dem Verdacht aus, Schwierigkeiten bei der Jobsuche zu haben.
- Wer häufig gewechselt hat, hat auch häufig mit seiner Bewerbung ein Problem. Allerdings bleiben auch hier manche Chancen ungenutzt, die »Jobhopperei« optisch abzumildern. Bei einem Zeitvertrag etwa endet das Beschäftigungsverhältnis unfreiwillig. Dieser Umstand sollte gegebenenfalls in Klammern hinter der beruflichen Station im CV vermerkt werden – und schon steht man besser da.

3.11 Letter of Motivation

Zum Motivationsschreiben – in Deutschland auch »Dritte Seite« – sind die Meinungen geteilt. Einige Bewerbungsberater und Karriereseiten in Zeitungen zeigen sich begeistert, andererseits bringen Personalbeschaffer ungern Zeit mit dem Lesen derartige Elaborate auf. Im Zweifelsfall tun einem die Bewerber leid, die hier darstellen sollen, dass es falsch wäre, sie nicht zum Vorstellungsgespräch einzuladen. Allein die Ermahnung »Was Sie noch über mich wissen sollten« ist eine Zumutung. Im belehrenden Ton wird die eigene kommunikative Kompetenz gerühmt, obwohl die Überschrift den Mangel an Empathie verrät. Im Übrigen besteht die Herausforderung ja gerade darin, dem Personaler mit einem einseitigen Anschreiben und einem optisch gefälligen CV zur Einladung zum Vorstellungsgespräch zu animieren.

Manchmal ist ein Motivationsschreiben aber zwingend, etwa bei der Bewerbung um ein Stipendium, denn hier ist ja der bisherige Werdegang weniger aufschlussreich. Das Online-Stipendium- und Karrierenetzwerk e-fellows.net (www.e-fellows.net) gibt am Beispiel einer Bewerbung um ein Deutschlandstipendium, das vom Bundesministerium für Bildung und Forschung vergeben wird, sinngemäß die folgenden Empfehlungen.

! **Tipps für Expatriates: Motivationsschreiben Deutschlandstipendium**

Die folgenden Fragen sollte das Motivationsschreiben beantworten:

- Warum bewerbe ich mich für das Deutschlandstipendium? Wie unterscheidet es sich von anderen Stipendien?
- Was unterscheidet mich von anderen Bewerbern? Unterscheidungskriterien können sein: Hobbys, Zensuren, Sport, Aktivitäten in einem Verein, Klassen- oder Schulsprecher gewesen, interessante Praktika oder Jobs, ehrenamtliche Tätigkeiten
- Wer oder was hat mich in meinem Leben besonders geprägt? Meine Familie? Ein Auslandsaufenthalt? Ein Lehrer? Ein besonderes Ereignis? Ein Schicksalsschlag wie Unfall, Krankheit oder der Verlust eines Menschen?
- Welche Ziele und beruflichen Pläne verfolge ich? Warum würde mir das Stipendium dabei helfen, meine Ziele und Pläne zu realisieren?

3.12 Dokumentieren, was sinnvoll ist

Wie heißt es doch im Abspann vieler Stellenangebote? »Bitte schicken Sie uns Ihre relevanten Unterlagen.« Wie bereits erwähnt, scheitern manche Bewerber bereits an dieser einfachen Anforderung. Kein Personaler hat Zeit und Lust, sich durch Unmengen von Anhängen zu klicken. Welche Zeugnisse und Zertifikate ein Bewerber beifügt, zeigt dem Empfänger, ob jemand priorisieren, also das Wichtige vom Unwichtigen unterscheiden kann.

Tipps zu den Unterlagen !

- Nach dem CV kommt das aktuelle Zertifikat, zum Beispiel das letzte Arbeits- oder Examenszeugnis.
- Es folgen die Abschlusszeugnisse nach Wertigkeit (zum Beispiel Studium vor Ausbildungszeugnis und Ausbildungszeugnis vor dem Schulabgangszeugnis).
- Arbeitgeberzeugnisse müssen vollständig sein.
- Bewerber mit Berufserfahrung lassen irgendwann die Schulzeugnisse weg.
- Berufseinsteiger sollten Zeugnisse über Praktika oder Werkstudententätigkeiten anfügen, sofern es sich um qualifizierte Zeugnisse handelt. Reine Bescheinigungen weglassen.
- Nebentätigkeiten, die während des Studiums dem Gelderwerb dienten, müssen nicht schriftlich nachgewiesen werden. Ein qualifiziertes Zeugnis sollte man als Berufseinsteiger anfügen, wenn man beispielsweise in der Gastronomie gejobbt hat.
- Mit zunehmendem Berufsalter sollten die Unterlagen ausgedünnt werden. Schulzeugnisse und Praktikumsbescheinigungen fliegen zuallererst raus. Zeugnisse über Ausbildungen (IHK), Fortbildungen und abgeschlossene Studien sind bleibender Bestandteil einer Bewerbung.
- Mit bezahlten Gutachten über die eigene Persönlichkeit macht man sich lächerlich.
- Absolut daneben ist eine Bescheinigung über die Teilnahme an einem Bewerberseminar. Reichen Sie diese an Ihr Finanzamt, aber niemals an einen potenziell neuen Arbeitgeber weiter.

Auf die Problematik von angefügten Zwischenzeugnissen wird im nächsten Kapitel hingewiesen.

3.13 Verdächtige Zwischenzeugnisse

Manche Bewerber verderben sich die Chance auf eine Einladung zum Vorstellungsgespräch durch ein Zwischenzeugnis. Wie kann das sein? Um den Begriff »Zwischenzeugnis« kurz zu klären: Dieses wird Mitarbeiterinnen und Mitarbeitern in Deutschland – manchmal auf eigenen Wunsch – ausgestellt, die sich noch in einem festen Anstellungsverhältnis befinden und nicht gekündigt haben oder gekündigt sind. Die entscheidende Frage für den Personaler, der ein Zwischenzeugnis erhält, lautet nun, warum das Zeugnis überhaupt erstellt wurde. Und wenn man dann im Abspann liest, dass »dieses Zwischenzeugnis auf Wunsch von Herrn Bachmann« ausgestellt wurde, stimmt das nachdenklich.

Warum, fragt man sich, teilt ein Mitarbeiter seinem Arbeitgeber auf diese Art und Weise seinen Abwanderungswunsch mit? Der angestrebte neue Job kann ja noch eine Weile auf sich warten lassen und in dieser Zeit gilt man im Betrieb als jemand, der auf dem Sprung ist und damit vielleicht nicht mehr voll leistungsbereit. Vom affektiven Commitment, der erwünschten emotionalen Bindung an das Unternehmen, kann eventuell nicht mehr ausgegangen werden. Und was ist, wenn sich der Veränderungswunsch gar nicht realisieren lässt? Dann fristet die betreffende Person im Betrieb das freudlose Dasein des »innerlich Gekündigten«.

Manche Zwischenzeugnisse haben überdies eine Weglob-Funktion. Der Arbeitsplatz steht auf der Kippe und eine Abfindung im Raum und so ist denn das Unternehmen dem Betroffenen gern dabei behilflich, in einem anderen Betrieb unterzukommen – mithilfe eines tollen Zwischenzeugnisses. Ein guter Personaler hat dafür allerdings eine Witterung und lässt sich nicht auf die falsche Fährte locken.

! **Tipp zum Zwischenzeugnis**

Wann sollte man seinen Arbeitgeber um ein Zwischenzeugnis bitten? Wenn

- der Vorgesetzte wechselt,
- das Unternehmen fusioniert,
- die Rechtsform des Unternehmens sich ändert,
- das Unternehmen umstrukturiert wird,
- das persönliche Aufgabenfeld sich ändert,
- ein Auslandseinsatz vorgesehen ist,
- man befördert wurde oder
- das Unternehmen sich im Insolvenzverfahren befindet.

Es sollte daher ein nachvollziehbarer Grund für die Ausstellung eines Zwischenzeugnisses benannt werden – und zwar vom Aussteller des Dokuments. »Auf eigenen Wunsch« signalisiert, dass man weg will. Wenn ein Betrieb seinen Mitarbeitern turnusmäßig ein Zwischenzeugnis ausstellt, ist das natürlich in Ordnung.

3.14 Wenn Zeugnisse fehlen

Unterschieden werden muss in Deutschland in der Zeugnisfrage zunächst einmal zwischen reglementierten und nicht reglementierten Berufen. Zu den reglementierten Berufen gehören beispielsweise Arzt/Ärztin, Krankenpfleger/in oder Lehrer/in, zu den nicht reglementierten zählen Ausbildungsberufe im dualen System, zum Beispiel Mechatroniker/in, Kauffrau/Kaufmann im Einzelhandel oder Bäcker/in. Für beide Arten ist ein entsprechendes Zeugnis unverzichtbar.

Ein Unterschied besteht für ausländische Bewerber hinsichtlich der Prüfung der Gleichwertigkeit von Abschlüssen. Die Gleichwertigkeitsbescheinigung stellt den Inhaber des Zeugnisses rechtlich mit Personen gleich, die einen entsprechenden deutschen Berufsabschluss haben. Bei nicht reglementierten Berufen ist es möglich, sich auch ohne eine formale Gleichwertigkeitsbescheinigung auf dem Arbeitsmarkt zu bewerben. Generell wird aber dazu geraten, sich um eine Gleichwertigkeitsfeststellung zu bemühen.

Tipps für Expatriates !

Im Informationsportal der Bundesregierung zur Anerkennung ausländischer Berufsqualifikationen (www.anerkennung-in-deutschland.de) heißt es: »Der Berufszugang oder die Berufsausübung sind bei nicht reglementierten Berufen an keine bestimmten staatlichen Vorgaben geknüpft. Das heißt, der Beruf kann ohne staatliche Zulassung ausgeübt werden. Dies gilt insbesondere für alle Ausbildungsberufe im dualen System. Ist der Beruf in Deutschland nicht staatlich reglementiert, kann man sich mit einer ausländischen Qualifikation direkt auf dem deutschen Arbeitsmarkt bewerben oder sich selbständig machen. Eine Liste mit allen anerkannten Ausbildungsberufen (nicht reglementiert) im dualen System Deutschlands finden Sie auf der Internetseite des Bundesinstituts für Berufsbildung.« Unter www.bibb.de sind noch viele weitere nützliche Informationen zu finden.

In Deutschland haben — wie bereits erwähnt — nicht nur die obligatorisch anzufügenden Ausbildungs- und Studienzeugnisse besondere Bedeutung, sondern auch die Arbeitszeugnisse. Manche Bewerber können allerdings über das eine oder andere Anstellungsverhältnis kein Zeugnis vorlegen. Was sind die häufigsten Gründe dafür und wie erklärt man das Fehlen im Vorstellungsgespräch? Am häufigsten werden diese Umstände genannt:

- Man ist im Streit auseinandergegangen und hat sich als Arbeitnehmer nicht weiter um ein Zeugnis gekümmert.
- Man hat einen neuen Job gefunden und die Sache mit dem Zeugnis gar nicht mehr verfolgt.
- Man hat keine Zeit und Lust, das Recht auf ein Arbeitszeugnis vor Gericht einzuklagen.
- Das betreffende Unternehmen ist insolvent und damit auch der direkte Vorgesetzte nicht mehr erreichbar.
- Das Arbeitszeugnis enthält Formulierungen, deren versteckte Botschaften einem erst später bewusst geworden sind.

Hier mag jeder für sich entscheiden, welche Begründung passt und mit welcher er glaubwürdig wirkt und sich nicht verbiegen muss. Zudem gilt: Wer bei einem bekannten Unternehmen tätig war und kein Zeugnis vorlegen kann, sieht nicht sonderlich gut aus. Die Ausrede, man habe das nicht für so wichtig gehalten, bezeugt Nachlässigkeit in eigener Sache. Auch der Hinweis, die meisten Zeugnisse würden ja sowieso vom Arbeitnehmer selbst formuliert und seien damit kaum aussagekräftig, ist wenig hilfreich – auch wenn es häufig stimmt.

3.15 Die zeitgemäße Online-Bewerbung

»Ihre schriftliche Bewerbung mit aussagekräftigen Unterlagen richten Sie bitte an:

Technisches Zentrum

Personalabteilung

Flensburger Straße 22

24999 Schleswig«

Manchmal wird noch eine postalische Bewerbung gewünscht, aber das ist inzwischen die Ausnahme. Normalerweise liest sich der Abspann eines Stellenangebots wie folgt:

- Wir bevorzugen die Bewerbung über unsere Internetseite www.bigbigbig-karriere.de.
- Dann freuen wir uns auf Ihre schriftliche Bewerbung per E-Mail an: Karriere@future.de.
- You can send your motivated application including personal photo to: xx@yyyy.eu.

Informationen per E-Mail weitergeben zu können ist eine wunderbare Sache. Viele Bewerber unterliegen allerdings dem Missverständnis, dass eine Online-Bewerbung weniger Sorgfalt benötigt. Man kennt das ja von E-Mails, die bisweilen recht lässig abgefasst werden. Daher hier einige Tipps zu Online-Bewerbungen.

!

Tipps zur Online-Bewerbung

- Behandeln Sie eine Online-Bewerbung wie eine klassische schriftliche Bewerbung. Wer zu lässig formuliert, ist schnell wieder offline.
- Packen Sie alle Informationen – mit dem Anschreiben geht es los – in eine Datei und geben Sie dieser einen sinnvollen Namen. Kein Personaler hat Lust, diverse Attachements zu öffnen.
- Bitte die Auflösung beim Scannen von Fotos und Zertifikaten nicht zu hoch wählen (Dateigröße!), aber auch nicht zu pixelig. Mit 200 dpi sehen Scans meist schon recht gut aus.

- Geben Sie in das E-Mail-Fenster einen nachvollziehbaren Betreff ein und schreiben Sie noch einmal kurz in Prosa, worum es geht.
- Bitte quälen Sie Ihre Adressaten nicht mit überflüssigen Deckblättern und Listen über die Anhänge.
- Verschicken Sie sicherheitshalber keine E-Mails, die größer als 2 bis 3 MB sind. Im Zweifelsfall entfernen Sie die Farbe aus Ihren Unterlagen.
- Versenden Sie Ihre Bewerbung nicht an eine E-Mail-Sammeladresse (info@). Denn dann ist die Gefahr groß, dass Sie im Datennirwana endet. Ausnahme: Der Stellenanbieter gibt nur diese Adresse an.
- Überprüfen Sie einmal selbstkritisch Ihre E-Mail-Adresse. schluckspecht@ oder dustin_superstar@ kommt nicht so gut an.
- Wenn auf ein Online-Bewerbungssystem oder Bewerbungsportal verwiesen wird, benutzen Sie dieses natürlich.

3.16 Social Media als E-Recruiting-Instrument

Während früher die Identifikation und Ansprache über Stellenanzeigen in den Printmedien und per Direktansprache (»Headhunting«) erfolgte, spielen inzwischen die im Internet entstandenen Personalbeschaffungsinstrumente eine immer größere Rolle. Insbesondere Personalberatungsfirmen nutzen das E-Recruiting als externen Kanal im Personalbeschaffungsprozess. Interessant sind hier die Business-Netzwerke Xing und LinkedIn, da sie im Vergleich zu Facebook speziell auf das Networking im Businessbereich ausgelegt sind.

Xing: Was die Visitenkarte im Netz bringt

Xing wurde im Jahr 2003 als Open Business Club gegründet und ermöglicht seinen Mitgliedern die Vernetzung mit Geschäftspartnern und Kollegen aus anderen Unternehmen. Hier kann man beispielsweise bei Interesse an einer bestimmten Firma unternehmensspezifische Informationen einholen, die an anderer Stelle nicht zu finden sind. Für die Personalberatungsbranche bietet Xing die Kombination aus anzeigengestützter Personalsuche und Web-2.0-Funktionalität. Berater können in diesem Sinne diverse Dialogmöglichkeiten nutzen, um mit potenziellen Kandidaten Kontakt aufzunehmen.

Insbesondere Headhunter nutzen gern Gruppen, die sich bei Xing zu bestimmten Themen virtuell zusammenfinden. Auf der Homepage von Xing heißt es dazu: »Gruppen auf Xing sind Gemeinschaften von Gleichgesinnten. Das können Menschen sein, die in derselben Branche oder im selben Berufsfeld arbeiten und sich fachlich austauschen möchten …« (www.xing.com). Hier können Recruiter gezielt und ohne Streuverluste Fachleute mit spezifischer Expertise identifizieren und unmittelbar ansprechen. Unter den weit mehr als 60.000 Gruppen gibt es beispielsweise auch eine zum Thema Bewerbung und Recruiting.

LinkedIn: unterwegs im globalen Dorf

Dass amerikanische Pendant zu Xing wurde ebenfalls 2003 mit vergleichbarem Funktionsumfang gegründet, hat aber weltweit mehr Nutzer. Vor allem aber bietet LinkedIn seinen Mitgliedern mehr Anonymität, denn hier kann man sich die Profile anderer Mitglieder nicht ohne vorherige Kontaktaufnahme ansehen. Wenn gar keine Verbindung über Kontakte des eigenen Netzwerks besteht, werden bei der Suche nach Mitgliedern teilweise nur der Vorname und der Anfangsbuchstabe des Nachnamens beziehungsweise der Hinweis »LinkedIn-Mitglied« angezeigt. Allerdings sind sowohl der Arbeitgeber als auch die derzeitige Position einsehbar. Personalberater versuchen daher , ihr Netzwerk dementsprechend auszubauen, um Kandidaten ansprechen zu können. Bei LinkedIn werden ebenfalls Stellenangebote veröffentlicht und passenden Mitgliedern unter der Funktion »Stellen, die Sie vielleicht interessieren« vorgestellt.

! **Fazit**

Social Media, aber auch die Online-Kandidatenbörsen und Online-Jobbörsen bieten wegen ihrer großen Reichweite effiziente Möglichkeiten, um Fach- und Führungskräfte zu rekrutieren.

»Post and Pray« war gestern

Die Entwicklung vom Arbeitgebermarkt zum Arbeitnehmermarkt – Kandidaten können immer häufiger unter vielen guten Angeboten das für sie attraktivste auswählen – hat den Druck auf die Personalbeschaffer erhöht, neue Wege im Recruiting auszuprobieren. Manche Personalexperten prophezeien, dass die Post-and-pray-Strategie – ein Unternehmen schaltet ein Stellenangebot und betet, dass sich die richtigen Bewerber melden – nicht mehr zeitgemäß sei. Deshalb gehöre dem »Active Sourcing« die Zukunft, also der direkten Kandidatenansprache über Online- und Offline-Kanäle. Marc-Stefan Brodbeck, Leiter Recruiting und Talent Acquisition der Deutschen Telekom AG, wagt die folgende Prognose: »Der klassische Professional von heute möchte nicht nach einer Stelle suchen, er möchte gefunden werden.«[8]

[8] Vertiefende Informationen sind in der Fachzeitschrift »Personalwirtschaft. Das Magazin für den Job HR« , Jg. 2014, Nr. 5 zu finden.

Doch hier ist Vorsicht geboten. Da wird von Bewerberinnen und Bewerbern zum einen im Beruf Eigeninitiative und proaktives Verhalten gefordert, zum anderen wird empfohlen, sich als Recruiter um jene zu kümmern, die es gern bequem haben und abwarten, bis der Headhunter anruft. Diese Strategie kann man fahren, wenn man Vorstand ist, aber auf dem Weg dahin ist es ratsam, als Bewerber in die Offensive zu gehen. Es ist wie bei der Partnerwahl: »Warten macht alt« mahnte einst die griechische Schlagersängerin Vicky Leandros. Dem ist nichts hinzuzufügen.

Als Bewerber im Netz den Knappheitsgrundsatz beachten

Das sogenannte Humankapital ist Deutschlands wichtigste Ressource und immer schwerer zu beschaffen. Längst gibt es – nicht nur bei uns – einen »war for talents«. Die gefragten High Potentials sind nicht en passant zu finden. Was auf dem Markt für Güter und Dienstleistungen gilt, gilt auch auf dem den Markt für Fach- und Führungskräfte: Wertigkeit und Knappheit korrelieren miteinander. Manche Social Media sind in den letzten Jahren eine Bühne von Selbstdarstellern geworden (»Ich habe 1.845 Kontakte!«): mein Haus, mein Auto, meine Jacht – und meine Freunde im Netz! Less is more!

3.17 Wenn Personaler googeln: was das Netz über Sie weiß

Natürlich nutzen Unternehmen häufig nicht nur die Bewerbungsunterlagen, sondern auch das Internet, um Informationen über einen Jobaspiranten zu erhalten. Und immer öfter wird man auf den unzähligen Websites sowie in den Foren und Communitys fündig. Wer als Personalbeschaffer im Netz einschlägig recherchiert, erhält bisweilen auch weniger schmeichelhafte Auskünfte, weil die Nutzer vergessen, dass sie – obwohl allein vor dem Bildschirm – einem mehr oder weniger großen Publikum etwas über ihre Persönlichkeit verraten. Bei manchen Einlassungen kann man durchaus den Eindruck gewinnen, dass da jemand offenbar erst nach Mitternacht und einer Flasche Rotwein sein Profil in den Social Media aktualisiert oder sonstige frivole Spuren hinterlassen hat.

Es ist noch gar nicht lange her, da galt der unverrückbare Grundsatz: »Das Netz vergisst nichts!« Einmal mit einem Inhalt blamiert – für alle Zeiten blamiert. Das hat sich zum Glück geändert. Im Mai 2014 hat der Europäische Gerichtshof Google dazu verpflichtet, auf Antrag einer Privatperson Treffer aus der Ergebnisliste zu entfernen, die bekanntlich erscheint, wenn beispielsweise ein Recruiter den Namen einer bestimmten Person eingibt. Entfernt werden müssen nun Links auf Inhalte oder Bilder, die falsch, nicht mehr aktuell oder für die Öffentlichkeit irrelevant sind.

Also alles einfach und wunderbar? Keineswegs, denn Google – Marktanteil bei der Internetsuche in Deutschland 95 Prozent – muss nun in jedem Einzelfall zwischen Datenschutz und öffentlichem Informationsinteresse abwägen. Und da sich die Inhalte auf den Websites Dritter befinden, geht es nur darum, ob Google auf diese weiterhin verweisen darf – die Inhalte selbst bleiben. Die Chancen darauf, dass solche Links bei Google tatsächlich entfernt werden, sind am größten, wenn

- der Antragsteller keine oder eine kleine Rolle im öffentlichen Leben spielt,
- die verbreiteten Informationen sensibel sind, zum Beispiel weil sie den Intimbereich betreffen, und
- weit in der Vergangenheit liegen.

Wer Inhalte aus dem Netz löschen will, muss zuerst wissen, aus welcher Quelle Google diese holt. Dort muss der Inhalt als Erstes gelöscht werden. Zu unterscheiden ist dabei, wer Inhaber der entsprechenden Quelle ist. Eine gute Auskunft über das weitere Vorgehen findet sich im Internet unter: https://support.google.com/webmasters/answer/6332384?hl=de.

Übrigens: Bei Google ist in Dublin ein ganzes Team von Prüfern damit beschäftigt, Suchergebnisse zu entfernen. Bis Anfang 2016 gingen laut Googles »Transparenzbericht« fast 400.000 Anträge ein, etwa 66.000 davon kamen aus Deutschland. Die Erfolgsquote ist nicht schlecht: Gut die Hälfte der beanstandeten Links werden aus den Suchergebnissen entfernt.

3.18 Worauf es bei einer Initiativbewerbung ankommt

Der folgende Grundsatz wurde bereits an anderer Stelle erwähnt: Wir fühlen, denken und handeln im Gleis der Sprache. Wenn jemand »Blindbewerbungen« schreibt, kommt meist auch das Entsprechende dabei heraus – nämlich gar nichts. Eine Initiativbewerbung zeichnet sich dadurch aus, dass man proaktiv und überlegt die Initiative bei der Jobsuche ergreift, also nicht auf ein Angebot reagiert. Gehen Sie bei Ihrer Vorbereitung systematisch vor und benutzen Sie eine Tabelle, wie im Folgenden beschrieben.

Spalte 1

Tragen Sie hier die Unternehmen ein, die zu Ihrem Profil gut passen könnten. Wenn Sie beispielsweise Polnisch oder Dari sprechen und noch über die einschlägige interkulturelle Kompetenz verfügen, konzentrieren Sie sich auf Firmen, die einen besonders regen Handel mit Polen oder Afghanistan betreiben oder dort Niederlassungen unterhalten. Wer ein interessantes Praktikum in der Automobilwirtschaft absolviert hat, kann sich auf die Automobilzulieferer konzentrieren. Expertise, die nicht jeder Mitbewerber vorzuweisen hat, eignet sich grundsätzlich für Initiativbewerbungen.

Spalte 2

Notieren Sie hier passende Ansprechpartner. Sie brauchen Namen, wenn Ihre Initiativbewerbung nicht direkt im Papierkorb landen soll. Rufen Sie bei der Firmenzentrale an und fragen Sie, wer für Personal zuständig ist, schauen Sie auf der Internetseite nach und sammeln Sie Namen in den Stellenmärkten der Tageszeitungen und in den Jobportalen. Auch wenn es sich um ein Stellenangebot handelt, das für Sie nicht infrage kommt, kann der genannte Ansprechpartner für Sie wichtig sein. Er weiß im Zweifelsfall, auf welchen Schreibtisch Ihre Bewerbung gehört.

Senden Sie Ihre Initiativbewerbung nicht nur an die Personalabteilung, sondern auch an ausgewählte Fachabteilungen. Wenn Sie sich im Material- und Beschaffungswesen auskennen, schreiben Sie dem Leiter Einkauf. Der weiß über einen eventuellen Personalbedarf eher Bescheid als die HR-Manager.

Spalte 3

Für Ihre Initiativbewerbung brauchen Sie einen Aufhänger. Beispiel: »Wie ich den Bamburger Nachrichten entnommen habe, eröffnen Sie Ende des Jahres eine Niederlassung in Dingenskirchen. Dies nehme ich zum Anlass, mich Ihnen als ausgebildete ... kurz vorzustellen.« Oder: »Ihrer Homepage ist zu entnehmen, dass Sie sich besonders erfolgreich auf dem Gebiet der therapeutischen Antikörper engagieren. Dies nehme ich als Biologe mit Schwerpunkt ... gern zum Anlass, mich Ihnen kurz vorzustellen.« Und noch ein Beispiel: »Auf einer Großbaustelle in der Bahrenfelder Straße ist einem Schild zu entnehmen, dass Sie in etwa drei Monaten eine neue Filiale eröffnen. Dies nehme ich gern zum Anlass, mich ...« Zeigen Sie, dass Sie mit offenen Augen durch die Welt laufen.

Tipps: Das Anschreiben !

Es ist wichtig, im Anschreiben präzise auf den Punkt zu kommen. Erwähnen Sie, was Sie für das Unternehmen interessant machen könnte, und nichts anderes. Und drohen Sie nicht mit einem beabsichtigten Telefonat. Nur die bereits erwähnten empathiefreien Zeitdiebe stören Personaler durch ungebetene Anrufe bei der Arbeit.

Versand

Den tabellarischen Lebenslauf (maximal zwei Seiten) fügen Sie mit einem gescannten Foto an. Sie brauchen dann noch einen Briefumschlag mit Fenster DIN A6 und eine Briefmarke im Wert von zurzeit 70 Cent (bis 20 Gramm).

Als Initiativbewerber verschicken Sie bitte keine Mappen. Was soll das Unternehmen mit den unerbetenen Unterlagen tun? Wenn Ihr Profil passt und eine Vakanz vorhanden ist, werden Sie aufgefordert, Ihre kompletten Unterlagen per E-Mail zu schicken oder sie vielleicht gleich zu einem Gespräch mitzubringen. Ansonsten hat sich die Sache ohne größeren Aufwand für alle Beteiligten erledigt. So zeigt man nebenbei einen vernünftigen Umgang mit Ressourcen. Und warum ist es vorteilhafter, Initiativbewerbungen per Post auf den Weg zu bringen? Ganz einfach: Eine E-Mail ist binnen Bruchteilen von Sekunden je nach Laune weggeklickt — ein Brief, der einem vom Sekretariat vorgelegt wurde, hat bessere Chancen auf Beachtung.

4 Das müssen Expatriates wissen

Obwohl sich die klassische Definition des Begriffs »Expatriate« (Kurzform: Expat) auf Fachkräfte bezieht, die von ihrem Arbeitgeber für begrenzte Zeit ins Ausland entsandt werden, wird er heute als Sammelbegriff verwendet, unter den auch Immigranten fallen. Viele Expatriates haben nicht mehr die Absicht, ihr Gastland wieder zu verlassen, sondern planen einen beruflichen und privaten Neuanfang im Ausland. Man spricht in diesem Zusammenhang auch von selbstinitiierter Expatriation. Und hier wie überall gilt der Erfolgsgrundsatz: Wissen macht souverän.

4.1 Die Leistungsbewertung in Schulen, Ausbildungsbetrieben und Hochschulen

Wer in Deutschland arbeiten oder studieren möchte, der sollte das deutsche Notensystem kennen. Zum einem werden Sie ja die Zeugnisse Ihres Heimat- beziehungsweise Herkunftslandes übersetzen lassen und müssen beurteilen können, welchen Wert diese beispielsweise bei einer Bewerbung haben. Zum anderen sollten Sie Noten, die Sie in Deutschland erhalten, richtig interpretieren und einordnen können.

Schul- und Ausbildungsnoten

An deutschen Schulen gibt es zwei Notensysteme. Das eine besteht aus Noten von Eins bis Sechs – Eins bedeutet sehr gut und Sechs ungenügend. Mit einer Note unter Vier hat man eine Prüfung nicht bestanden. Dieses Notensystem gilt an den Schulen bis zur zehnten Klasse, ebenfalls an Berufsschulen, Hochschulen und Universitäten, wo noch Zwischennoten mit Dezimalzahlen ermittelt werden. Beispiel: 1,3 oder 3,7. Die Begriffe »Note« und »Zensur« sind austauschbar.

Notentabelle
1.0: sehr gut
2.0: gut
3.0: befriedigend
4.0: ausreichend
5.0: mangelhaft
6.0: ungenügend

In höheren Schulklassen – je nach Schultyp meist ab der zehnten Klasse – gibt es ein weiteres Notensystem, das auf der Vergabe von Punkten basiert, die Bewertungsskala reicht von null bis 15 Punkte. Es gilt zudem für die spätere Abiturnote, die wiederum Grundlage für die Bewerbung an Hochschulen und Universitäten ist.

Punktetabelle
15: besser als sehr gut
14: gut
13
12
11: gut
10
9
8: befriedigend
7
6
5: ausreichend
4
3
2: mangelhaft
1
0: ungenügend

Bei der Bewerbung an Hochschulen und Universitäten geben deutsche Studenten diese Punktzahl an. Sie ist besonders wichtig, wenn sich die betreffende Person für zulassungsbeschränkte Studiengänge interessiert (Numerus clausus), schon ein fehlender Punkt kann den sofortigen Studienbeginn an einer bestimmten Hochschule verhindern.

Für ausländische Studenten mit einem anderen Notensystem gibt es verschiedene Möglichkeiten, ihre Noten zu »übersetzen«. Hinweise und Hilfen finden sich auf den Webseiten der Hochschulen und Universitäten. Interessant ist hier – um nur ein Beispiel zu nennen – der Club Orbis, bei dem viele internationale Aktivitäten der Humboldt-Universität zu Berlin zusammenlaufen. Dort können sich ausländische und deutsche Studierende treffen oder sich für die verschiedenen Angebote des Betreuungsprogramms anmelden.

Zurück zu den Noten. Die Klausuren an deutschen Hochschulen und Universitäten werden wieder nach dem zuerst angeführten System mit den Noten von Eins bis Sechs bewertet. Jedoch gibt es durch die Bologna-Reform und das Bachelor- und Mastersystem noch eine weitere Besonderheit. Für jede erfolgreich besuchte Veranstaltung gibt es ECTS-Punkte (ECTS steht für European Credit Transfer and Accumulation System), die am Ende des Studiums addiert und zusammen mit der Abschlussarbeit, der Note im Kolloquium (mündliche Prüfung) und dem Notendurchschnitt zur Abschlussnote verrechnet werden (Quelle und weitere Tipps: studieren-in-deutschland.org).

Zeugnisse in der dualen Berufsausbildung

Wer in Deutschland eine Ausbildung im dualen System absolviert, erhält drei Zeugnisse: das Prüfungszeugnis, das Berufsschulzeugnis und das betriebliche Ausbildungszeugnis.

Das Prüfungszeugnis ist in der Regel ein von der Industrie- und Handelskammer (IHK) ausgestelltes Abschlusszeugnis, das

- die Berufsbezeichnung und damit die erworbene berufliche Qualifikation dokumentiert,
- die Gesamtnote und die in den verschiedenen Prüfungsfächern erreichten Einzelnoten enthält und
- gegebenenfalls die Schwerpunktauswahl der Ausbildung konkretisiert, beispielsweise »Kaufmann/-frau im Groß- und Außenhandel mit Schwerpunkt Großhandel«.

Das Berufsschulzeugnis stellt die während der Ausbildung besuchte Berufsschule aus. Es

- enthält die letzten Noten der Schulfächer und
- bescheinigt dem Auszubildenden den erfolgreichen Schulbesuch. Wer die erforderlichen Leistungen hier nicht erbracht hat, der erhält lediglich ein Abgangszeugnis.

Das betriebliche Ausbildungszeugnis wird vom Arbeitgeber (Ausbildender) ausgestellt. Es

- kann auf Wunsch eine einfache Bescheinigung über eine absolvierte Ausbildung sein oder
- ein qualifiziertes Arbeitszeugnis mit wertenden Bemerkungen über Leistung und Verhalten,
- zudem kann es Schulnoten enthalten oder allgemeine Formulierungen der Zeugnissprache.

Abschließend sei noch einmal auf die deutsche Besonderheit der dualen Berufsausbildung eingegangen. Die duale Ausbildung (auch betriebliche Ausbildung genannt) ist in Deutschland die häufigste Form der Berufsausbildung, die mehr als die Hälfte aller Jugendlichen absolviert. Dual bedeutet, dass die Ausbildung an zwei Orten stattfindet – zum einen an der Berufsschule, in der theoretisches Fachwissen vermittelt wird, zum anderen im Betrieb, in dem die Auszubildenden praktische Kenntnisse und Fertigkeiten erwerben.

4.2 Der feine Unterschied: Hochschule versus Universität

Anfang 2016 gab es in Deutschland 239 Hochschulen in staatlicher Trägerschaft, darunter unter anderem 215 Fachhochschulen und 107 Universitäten.[9] Über 130 Fachhochschulen — Tendenz steigend — sind privat und damit »Bezahlhochschulen«. Staatliche Universität oder private Hochschule? Vor dieser Frage stehen Studienbewerber jedes Jahr. Die Grenzen verschwimmen einstweilen in Zeiten von Bachelor- und Masterstudiengängen immer mehr, aber einige Unterschiede gibt es doch.

Früher hieß es, dass an der Fachhochschule Praktiker studieren und an der Universität Forscher. Das hat sich geändert. Seit der 1999 in Bologna verabredeten gleichnamigen Reform bilden auch die Universitäten berufsbezogener aus. Und manche Fachhochschulen machen sich mit anwendungsorientierter Forschung einen Namen. Arbeitgeber achten deshalb immer weniger darauf, ob jemand einen FH- oder Uni-Abschluss hat, sondern sie interessieren sich für die erworbenen Qualifikationen und die Abschlussnote.

Dennoch: Ein kleiner Unterschied bleibt, den Studierwillige bedenken sollten. Die meisten universitären Studiengänge behandeln Fächer stärker theoretisch, während an Fachhochschulen schneller auch praxisorientierte Fragestellungen behandelt werden. »Grundlagenforschung können wir den Studenten nicht bieten, dafür kommen sie bei uns so früh wie möglich mit der Praxis in Verbindung«, sagt Katharina Ceyp-Jeorgakopulos, Sprecherin der Hochschule für angewandte Wissenschaften (HAW) Hamburg.

Es geht also nicht um besser oder schlechter, sondern um die Frage, welche Studienform zu einem passt. Ein Entscheidungskriterium können die Dozenten sein. Dozenten an Fachhochschulen müssen mindestens fünf Jahre hauptberuflich gearbeitet haben, drei Jahre davon außerhalb der Hochschule. An Universitäten gibt es diese Voraussetzungen nicht. Hier können Doktoranden nach ihrer Promotion direkt in der Lehre beginnen.

4.3 Arbeitszeugnisse: ein deutsches Unikum

Arbeitszeugnisse, wie es sie in Deutschland gibt, sind im Ausland unbekannt. Im angelsächsischen und asiatischen Raum ist eine qualifizierte Tätigkeitsbe-

---

[9] Quelle: statista.com/statistik/daten/studie/247238/umfrage/hochschulen-in-deutschland-nach-hochschulart/

schreibung üblich. Dennoch sollten Praktikanten, Absolventen und Berufserfahrene den Wert von Arbeitszeugnissen nicht unterschätzen. Nach wie vor können sie Türöffner für viele Karrieren sein.

!

Achtung: Zeugnisse können Türöffner sein

- Vor allem bei der Vorauswahl spielen Arbeitszeugnisse in Deutschland nach wie vor eine große Rolle.
- Zeugnisse sind laut Gesetzgeber wohlwollend und wahr zu formulieren.
- Die äußere Form muss tadellos sein.
- Dauer und Art der Beschäftigung müssen exakt beschrieben sein.
- Das Zeugnis muss eine Beurteilung des Verhaltens gegenüber Vorgesetzten, Kollegen und Untergebenen enthalten.
- Die Stärken des Mitarbeiters sind zu würdigen.
- Ein Kündigungsgrund muss gegebenenfalls genannt werden.
- Die Schlussformel mit guten Wünschen und einem Ausdruck des Bedauerns darf nicht fehlen.

In Deutschland haben Arbeitnehmerinnen und Arbeitnehmer einen rechtlichen Anspruch auf das vom Arbeitgeber ausgestellte Arbeitszeugnis. Und es muss — wie erwähnt — wohlwollend formuliert sein. Nicht wenige deutsche Arbeitnehmer streiten deshalb vor den Arbeitsgerichten um Formulierungen, die ihnen Vorteile bei der Suche nach einem neuen Job bringen sollen, oder verlangen das Entfernen vermeintlich weniger schmeichelhafter Sätze. Und dies oft mit Erfolg. Viele Personalverantwortliche nutzen das Arbeitszeugnis deshalb nur, um die beruflichen Stationen eines Bewerbers zu überprüfen. Die Fragen lauten: Ist der Lebenslauf wirklich lückenlos, war der Kandidat tatsächlich bei dem Arbeitgeber, den er angegeben hat?

4.4 Die Anrede: Du oder Sie?

Thomas oder Herr Meier? Die Deutschen tun sich hinsichtlich der Anrede im Vergleich zu anderen Ländern immer noch schwer. Was beispielsweise in Schweden oder in den USA seit jeher üblich ist, setzt sich in Deutschland erst allmählich durch. Während man sich in deutschen Betrieben früher bei Betriebsfesten nach erheblichem Alkoholkonsum duzte — und dies am nächsten Morgen bereute, weil manche Mitarbeiter das Du als Privileg missverstanden und manchmal auch zu nutzen wussten —, gehen manche Firmen mit diesem Thema zunehmend weniger verkrampft um.

Immer mehr Unternehmen signalisieren mit dem angeboten Du eine Abkehr vom starren Hierarchiedenken und damit eine moderne Unternehmenskultur. Der einstige Vorstand des Handelskonzerns Otto Group wollte zu seinen weltweit 53.000 Mitarbeitern die Distanz verringern und hat ihnen aus diesem Grund das Du angeboten. »Hos« durften sie Hans-Otto Schrader gern nennen – sofern sie einverstanden waren. Es gibt in Deutschland einen erkennbaren Trend zu dieser Art des persönlichen Umgangs nach schwedischem oder US-Muster.

Wer aber darf wem das Du anbieten? Hier spielen zwei Faktoren eine Rolle: Das Alter beziehungsweise der Altersunterschied und die Position in der Hierarchie. Grundsätzlich hat der Ältere das Privileg, einem Jüngeren das Du anzubieten. Umgekehrt ist das ein No-Go. Und natürlich bestimmt der Vorgesetzte das Verhältnis zwischen Distanz und Nähe zu den Mitarbeitern. Wer als 25-Jähriger auf einer Weihnachtsfeier – ein unvermeidliches Event in deutschen Firmen – seinem 50-jährigen Vorgesetzten nach einigen Bieren das Du anbietet, bekommt eine schlechte Note im Fach soziale Intelligenz.

4.5 Alles geregelt: das deutsche Arbeitsrecht

Über die Bürokratie in Deutschland wird häufig geklagt. Vieles sei überreguliert, manche Entscheidungsprozesse bei der Einstellung neuer Mitarbeiter seien deshalb langwierig und teuer. Andererseits ist es gut, dass die Diskriminierung von Bewerberinnen und Bewerbern beispielsweise aufgrund ihrer ethnischen Zugehörigkeit oder ihrer Religion gesetzlich verboten ist.

Der Arbeitsvertrag

Wer in Deutschland einen Job sucht, der sollte die wesentlichen Elemente des Arbeitsvertragsrechts kennen. Dieses Recht regelt das Verhältnis zwischen Arbeitgeber und individuellem Arbeitnehmer. Grundsätzlich besteht in Deutschland Vertragsfreiheit, das heißt Arbeitgeber und Arbeitnehmer können gemeinsam bestimmen,

- ob und mit wem sie einen Vertrag abschließen wollen (Abschlussfreiheit),
- welchen Inhalt der Vertrag hat (Inhaltsfreiheit) und
- in welcher Form der Vertrag abgeschlossen wird (Formfreiheit).

In der Praxis bedeutet dies: Ein Bewerber kann einem personalsuchenden Unternehmen ebenso eine Absage erteilen wie das suchende Unternehmen. Aufgrund der für Bewerber erfreulichen Entwicklung vom Arbeitgebermarkt zum Arbeitnehmermarkt bekommen Personaler immer häufiger eine Absage, weil Jobaspiranten mehrere Optionen haben.

Mit Inhaltsfreiheit eines Arbeitsvertrags ist gemeint, dass die Vertragspartner die Inhalte frei vereinbaren dürfen. Natürlich ist alles, was gegen geltendes Recht beziehungsweise das Grundgesetz verstößt, unzulässig. Interessant ist die rechtlich erlaubte Formfreiheit: Ein Arbeitsvertrag kann auch per Handschlag abgeschlossen werden. Wenn ein Bekannter, der in einem Start-up arbeitet, Sie mündlich fragt, ob Sie als Programmierer ab einem bestimmten Tag für ihn arbeiten wollen und Sie antworten mit einem Ja, ist ein wirksamer Arbeitsvertrag zustande gekommen.

Die Stellenbeschreibung

Normalerweise erhält ein neuer Mitarbeiter bei Vertragsabschluss eine Stellenbeschreibung. Sie informiert den Stelleninhaber über diese Tatbestände:

- Aufgaben: Was muss getan werden?
- Kompetenzen: Welche Befugnisse sind mit der Stelle verbunden?
- Verantwortung: Wofür muss man Rechenschaft ablegen?
- Organisatorische Einordnung: Welcher »Abteilung« ist man zugeordnet?
- Kommunikationsbeziehungen: Wem hat man zu berichten beziehungsweise wer ist wem gegenüber weisungsbefugt?
- Stellvertretung: Wer vertritt wen bei Abwesenheit?

Der Betriebsrat

Das deutsche Betriebsverfassungsgesetz (BetrVG) ist eine wichtige Grundlage für die Mitbestimmung der Arbeitnehmer in ihren Betrieben. Nach § 1 BetrVG kann zum Beispiel ein Betriebsrat gewählt werden, der alle Mitarbeiter mit Ausnahme der leitenden Angestellten vertritt. Gewählt werden kann ein Betriebsrat, wenn in einem Betrieb in der Regel mindestens fünf ständige wahlberechtigte Arbeitnehmer, von denen drei wählbar sein müssen, beschäftigt werden. Es ist alleine Sache der Arbeitnehmer oder einer im Betrieb vertretenen Gewerkschaft, die Initiative zu einer Betriebsratswahl zu ergreifen. Der Arbeitgeber ist weder berechtigt noch verpflichtet, dies zu tun.

Die Kündigung

Die Kündigung ist im deutschen Arbeitsrecht eine Erklärung, mit der ein Arbeitsverhältnis beendet wird. Sie ist an formelle Voraussetzungen gebunden und gesetzlich stark reguliert. Das Kündigungsschutzgesetz (KSchG) führt für eine Kündigung drei Gründe an:

1. Eine personenbedingte Kündigung ist möglich, wenn der Arbeitnehmer seine Arbeit – zum Beispiel aufgrund einer längeren Erkrankung – nicht mehr ausführen kann. Hier muss allerdings eine sorgfältige Interessenabwägung stattfinden. Was ist schützenswerter: Die Interessen des Arbeitgebers oder die des Arbeitnehmers?
2. Bei der verhaltensbedingten Kündigung hat der Arbeitnehmer in erheblichem Maß seine arbeitsvertraglichen Pflichten verletzt, deshalb kann sie im Extremfall fristlos erfolgen. Häufige Gründe für eine verhaltensbedingte Kündigung sind Diebstahl, Alkoholkonsum, lange Fehlzeiten und schlechte Arbeitsleistungen.

3. Gründe für eine betriebsbedingte Kündigung können Umsatzeinbußen, eine schlechte Auftragslage, Umstrukturierungen oder eine Betriebsschließung sein. Es kommt in der Folge zum Wegfall eines bestimmten Arbeitsplatzes. Bei betriebsbedingten Kündigungen ist die Sozialauswahl zu berücksichtigen, das heißt, die Dauer der Betriebszugehörigkeit, das Lebensalter, eventuelle Unterhaltspflichten oder eine Schwerbehinderung spielen eine Rolle. Solche Faktoren können eine betriebsbedingte Kündigung erschweren.

Wenn es einen Betriebsrat gibt, muss dieser bei einer Kündigung angehört werden.

Die Zeitarbeit

In Deutschland gibt es ein Arbeitnehmerüberlassungsgesetz (AÜG), das das Personalleasing reguliert. Die Gewerkschaften sprechen von Leiharbeit, die Unternehmen von Zeitarbeit. Für beide Begriffe gilt die folgende Definition: »Überlassung von Arbeitnehmern durch ihren Arbeitgeber (Verleiher) zur Arbeitsleistung an Dritte (Entleiher). Die Arbeitnehmerüberlassung ist im Gegensatz zu allen anderen ein dreiseitiges Beschäftigungs- bzw. Arbeitsverhältnis zwischen Arbeitnehmer, Verleih- und Entleihfirma. Sie ist für letztere ein Instrument zur externen Flexibilisierung des Personaleinsatzes.«[10]

Die Zeitarbeit hat eine Pufferfunktion inne, das heißt, Auslastungsschwankungen, insbesondere in der Fertigung, können mit Zeitarbeitnehmern aufgefangen werden. Gleichzeitig können Unternehmen ihre Stammbelegschaft in Zeiten schwacher Konjunktur vor Entlassungen schützen und damit ihr Humankapital erhalten. Das ist ein nicht zu überschätzender Vorteil.

4.6 FAQ: frequently asked questions

Wie lässt sich die Anerkennung eines Bildungs- beziehungsweise Berufsabschlusses erreichen?

Wer nach Deutschland kommt und einen Job sucht, muss sich zunächst einmal um die berufliche Anerkennung des in seinem Heimatland erworbenen Berufs- beziehungsweise Schulabschlusses kümmern. Dabei geht es natürlich zuallererst um die Feststellung der Gleichwertigkeit eines ausländischen (beruflichen) Abschlusses mit dem entsprechenden deutschen Ausbildungsnachweis. Manche Expatriates (auch Migranten) haben Angst davor, diskriminiert oder benachteiligt zu werden.

---

[10] Quelle: wirtschaftslexikon.gabler.de/Definition/arbeitnehmerueberlassung

Keine Sorge! In einem standardisierten Bewertungsverfahren wird der ausländische Abschluss anhand definierter formaler Kriterien mit einem deutschen Berufsabschluss verglichen. Das Ergebnis dieser Gleichwertigkeitsprüfung wird im positiven Fall durch einen Bescheid festgestellt. Der stellt den Expatriat mit Personen gleich, die einen entsprechenden deutschen Berufsabschluss erworben haben.

Was ist ein Anpassungslehrgang und wie nützlich kann dieser sein?

Das ist eine gute Sache. Wenn wichtige Unterschiede zwischen der ausländischen Berufsqualifikation und den in Deutschland geforderten Qualifikationen festgestellt werden, lässt sich mit Anpassungslehrgängen die Anerkennung der im Heimatland erworbenen Abschlüsse erreichen. Die betreffende Person erhält so die offizielle Berufszulassung oder das Recht zur Titelführung.

Was regelt das deutsche Berufsqualifikationsfeststellungsgesetz?

Das Berufsqualifikationsfeststellungsgesetz (BQFG) regelt die Anerkennung beruflicher Qualifikationen in Deutschland und ist damit für Expatriates und Migranten bedeutam. Dieses Gesetz regelt Verfahren und Kriterien für die Prüfung der Gleichwertigkeit der im Ausland erworbenen Qualifikation mit dem deutschen Referenzberuf. Wer sich als Betroffener nicht darum kümmert, muss mit Wettbewerbsnachteilen im deutschen Arbeitsmarkt rechnen.

Was wird unter einem Drittstaat verstanden?

Mit diesem Begriff werden Expatriates häufig konfrontiert. Als Drittstaat werden in Deutschland alle Staaten außerhalb der Europäischen Union, dem Europäischen Wirtschaftsraum oder der Schweiz bezeichnet.

Was sind Kammern?

Dieser Begriff steht für deutsche Institutionen, die unter anderem Berufszulassungen vergeben und einen erheblichen Einfluss auf die Berufsausbildung in Betrieben und die Prüfungsrichtlinien haben. Nach dem Berufsqualifikationsfeststellungsgesetz sind die folgenden Kammern zuständige Stellen für Gleichwertigkeitsprüfungen in den Ausbildungsberufen:

- Industrie- und Handelskammern,
- Handwerkskammern,
- Landwirtschaftskammern,
- Rechtsanwalts-, Patentanwalts- und die Notarkammern,
- Wirtschaftsprüfer- und Steuerberaterkammern,
- Ärzte-, Zahnärzte-, Tierärzte- und Apothekerkammern.[11]

---

[11] Weitere Informationen finden sich im Internet unter: https://www.anerkennung-in-deutschland.de/html/de/glossar.php

Was sind nicht reglementierte Berufe?

Ganz einfach: Der nicht reglementierte Beruf kann ohne staatliche Zulassung ausgeübt werden. Dazu gehören insbesondere Ausbildungsberufe nach dem dualen System. Also: Ist ein Beruf in Deutschland nicht staatlich reglementiert, kann man sich mit einer ausländischen Qualifikation auf dem deutschen Arbeitsmarkt bewerben oder selbstständig machen.

! **Tipp: Liste anerkannter Ausbildungsberufe**

Eine Liste mit sämtlichen anerkannten Ausbildungsberufen (nicht reglementiert) im dualen System Deutschlands findet man auf der Internetseite des Bundesinstituts für Berufsbildung (www.bibb.de).

Was versteht man unter reglementierten Berufen?

Hier handelt es sich um berufliche Tätigkeiten, deren Aufnahme oder Ausübung durch Rechts- oder Verwaltungsvorschriften an den Nachweis bestimmter Berufsqualifikationen gebunden ist. Man kann also nicht — aus guten Gründen — vor seinem Haus ein Schild aufstellen mit der Aufschrift »Ich bin Arzt« und dann Patienten behandeln. Zu den reglementierten Berufen gehören zum Beispiel auch Psychotherapeuten, Krankenpfleger, Rechtsanwälte und Lehrer. Es gibt in Deutschland 81 bundesrechtlich (darunter 41 zulassungspflichtige Handwerksmeisterberufe) und 18 auf Länderebene reglementierte Berufe. Eine Liste aller Berufe, die in Deutschland reglementiert sind, ist auf der Internetseite der Europäischen Union zu finden, dort unter http://europa.eu/youreurope/citizens/work/professional-qualifications.

4.7 Netzwerken für die Karriere: ein Interview mit Tülay Ates-Brunner

Lesen Sie nun das Interview mit Frau Tülay Ates-Brunner. Sie ist Diplom-Ökonomin (Univ. Augsburg), Koordinatorin bei MigraNet und Geschäftsführerin bei der Tür an Tür — Integrationsprojekte gGmbH. Tülay Ates-Brunner ist 1977 in Artvin (Türkei) geboren, verheiratet und hat eine Tochter. Mit drei Jahren kam sie als Gastarbeiterkind nach Deutschland. Nach unterschiedlichen beruflichen Erfahrungen und einigen Auslandsaufenthalten hat sie ihren Lebensmittelpunkt in Augsburg gefunden. Als Geschäftsführerin der Tür an Tür — Integrationsprojekte gGmbH kann sie auf professioneller Ebene den Fragen nachgehen, die sie auch privat stets umtreiben, darunter zum Beispiel: Wie funktioniert eine diverse Gesellschaft? Welche politischen, gesellschaftlichen und wirtschaftlichen Strukturen beeinflussen das lokale transkulturelle Zusammenleben?

Müller-Thurau: tuelay.ates-brunner@tuerantuer.de — Ihre E-Mail-Adresse ist ja eher ungewöhnlich. tuerantuer.de, da denkt man vielleicht an eine Wohngemeinschaft oder Reihenhaussiedlung. Woran soll oder darf man denn denken, wenn man Ihnen schreibt? Wie lautet die Botschaft dieser Adresse?

Tülay Ates-Brunner: In der Tat spiegelt der Name »Tür an Tür« das Gründungsmotiv der Organisation wider, die in den 1990er Jahren ein Wohnprojekt mit Studierenden und Flüchtlingen in Augsburg realisieren wollte. Seitdem setzt sich der Verein »Tür an Tür — miteinander wohnen und leben e. V.« politisch und gesellschaftlich ein, um die Lebenssituation und die Integration von Flüchtlingen, Menschen mit Migrationshintergrund und Angehörigen einkommensschwacher Bevölkerungsgruppen zu verbessern. Die etwas später als Tochterorganisation gegründete »Tür an Tür — Integrationsprojekte gGmbH« koordiniert und initiiert in diesem Rahmen unterschiedlichste Projekte. Eines davon und das größte ist MigraNet das IQ Landesnetzwerk Bayern im Förderprogramm »Integration durch Qualifizierung (IQ)«. Vor dem Hintergrund der gewachsenen Neuzuwanderung in Deutschland und der traurigen Tatsache, dass Menschen mit Migrationshintergrund traditionell stärker von Arbeitslosigkeit betroffen sind, arbeitet das bundesweite Förderprogramm IQ seit 2005 daran, die Arbeitsmarktchancen für diese Menschen zu verbessern. Viele von ihnen verfügen über berufliche Bildungsabschlüsse oder andere wertvolle Qualifikationen, die hierzulande oft nicht anerkannt werden. Gleichzeitig werden Fachkräfteengpässe in vielen Bereichen immer spürbarer. Die Frage ist, wie wir den Transfer der im Ausland erworbenen Kompetenzen und Abschlüsse in das hiesige System schaffen.

Mit einer E-Mail an mich bewerben Sie sich also nicht um ein WG-Zimmer, sondern wenden sich an eine Organisation, die aktiv an der Gestaltung der arbeitsmarktlichen Rahmenbedingungen mitwirkt und das Miteinander in dieser diversen Gesellschaft positiv beeinflusst.

Müller-Thurau: Die Aufforderung von MigraNet lautet, die Akteure am Arbeitsmarkt mögen sich vernetzen und gemeinsam an einem Strang ziehen. An wen richtet sich diese Aufforderung und worin besteht die konkrete Hilfestellung von MigraNet?

Tülay Ates-Brunner: Aufgefordert sind alle! Politik, Wirtschaft und die Gesellschaft. Die politischen Rahmenvorgaben müssen den reibungslosen Bildungstransfer von ausländischen Fachkräften ermöglichen. Das beginnt mit den ausländerrechtlichen Vorgaben zu Einreise und Arbeitsmarktzugang und reicht bis zu den gesetzlichen Möglichkeiten der beruflichen Anerkennung.

Die Wirtschaft hat bisher immer von der Zuwanderung profitiert, denn mit ihr wächst sowohl das Arbeitskräfteangebot als auch die Kaufkraft. Unternehmen und Arbeitgeber müssen jedoch vorbereitet und gewillt sein, sich auf die kulturelle Vielfalt ihrer Kunden und Kundinnen und potenziellen Arbeitnehmer/innen einzulassen. Der Umgang mit der Diversität in den Unternehmen und in der Arbeitswelt beeinflusst die gesellschaftliche Entwicklung maßgeblich. Als Gesellschaft müssen wir uns täglich mit den Aspekten einer globalisierten Welt auseinandersetzen. Die Vielfalt an Nationalitäten, Kulturen, Religionen, Altersunterschieden und Wertvorstellungen als Bereicherung zu erkennen fällt nicht jedem leicht. Wir alle, sowohl die »Einheimischen« als auch die Neuankömmlinge, müssen uns aber darauf einlassen und gemeinsam den Wandel gestalten.

In diesem komplexen Gefüge besteht die konkrete Hilfestellung von MigraNet darin, regionale Angebote zur Anerkennungs- und Qualifizierungsberatung für Ratsuchende mit ausländischen Qualifikationen anzubieten und bedarfsorientierte Anpassungsqualifizierungen zu entwickeln und umzusetzen. Diese übersetzen die vorhandenen Fachkenntnisse in den hier gültigen nationalen Kontext und dienen dem adäquaten Berufseinstieg für ausländische Fachkräfte. Das kann zum Beispiel eine Maßnahme für ausländische Sozialpädagogen sein oder eine Brückenmaßnahme für Ingenieure, um sie mit den deutschen Normen und Vorgaben vertraut zu machen. Darüber hinaus übernehmen wir Servicefunktionen für Arbeitsmarktakteure, indem wir sie mit Informationen, Beratungen und Trainings für die spezifischen Belange von Migrantinnen und Migranten sensibilisieren und fachliches Know-how vermitteln. Als Netzwerk sind wir mit 36 Kooperationspartnern, unter anderem Kommunen, Universitäten und Kammern, an verschiedenen Standorten in Bayern aktiv.

Müller-Thurau: Wer in einem Betrieb seine berufliche Heimat gefunden hat, der kann sich glücklich schätzen. Wenn man sich allerdings den vom Markt- und Meinungsforschungsinstitut Gallup regelmäßig ermittelten Engagement-Index deutscher Arbeitnehmer ansieht, fühlen sich viele Deutsche am Arbeitsplatz eher unbehaust. Ihr Förderprogramm IQ – da wandern die Gedanken wie von selbst zum Intelligenzquotienten – soll Menschen mit Migrationshintergrund dieses Schicksal ersparen. Was bietet und macht IQ?

Tülay Ates-Brunner: Die Unzufriedenheit am Arbeitsplatz kann viele Ursachen haben. Unter anderem ist es vielleicht die Unter- oder Überforderung im Job, oft auch die fehlende Wertschätzung. Die qualifikationsentsprechende Beschäftigung zu fairen Bedingungen spielt bei allen Projekten im Förderprogramm IQ eine zentrale Rolle. Hierfür existieren Empfehlungen zur Qualitätssicherung bei der Arbeitsmarktintegration von Zugewanderten.

Als zugewanderte Geschichtsprofessorin in Deutschland als Putzkraft arbeiten zu müssen beispielsweise wirkt sich nicht besonders positiv auf die Motivation aus. Wenn sich Arbeitnehmer/innen im Job nicht wohlfühlen, haben auch Arbeitgeber einen Beitrag dazu geleistet und stehen daher in der Verantwortung. Welche Unternehmenskultur herrscht im Betrieb vor? Existiert ein Klima der Wertschätzung? Haben Mitarbeiter/innen die Möglichkeit, ihre Potenziale in vollem Umfang einzubringen? Projekte im Förderprogramm IQ unterstützen kleine und mittlere Unternehmen, ihre Personalarbeit und Unternehmenskultur interkulturell zu gestalten. Wir beraten, wie sie gezielt Menschen mit Migrationshintergrund, Flüchtlinge und Asylbewerber/innen einstellen und binden können. Auch die öffentliche Verwaltung, die nicht selten der größte Arbeitgeber in einer Region ist, arbeitet mit IQ zusammen, um die gesellschaftliche Vielfalt noch besser auf allen Ebenen der Verwaltungen zu repräsentieren.

Müller-Thurau: Nehmen wir einmal Mhamed Shabani. Der hat sich kürzlich bei mir gemeldet und um Rat gebeten, weil er sich bei der Polizei bewerben möchte. Ich musste ihm leider sagen, dass er die fachlichen Voraussetzungen nicht erfüllt. Was könnten Sie beziehungsweise was könnte IQ für ihn tun?

Tülay Ates-Brunner: Zunächst einmal kann man den Entschluss von Herrn Shabani begrüßen. Polizisten mit ausländischen Wurzeln sind gefragt. Wenn Herr Shabani diesen Beruf in seiner Heimat ausgeübt und hier nun daran anschließen möchte, müsste geprüft werden, ob der Anspruch, ein Anerkennungsverfahren für den Polizeiberuf zu durchlaufen, gegeben ist. Bei einer hoheitlichen Tätigkeit wie beim Beruf des Polizisten sind einige Kriterien zu erfüllen. Es ist davon auszugehen, dass die ausländische Ausbildung wesentliche Unterschiede zur Ausbildung in Deutschland aufweist und spezielle Anpassungsmaßnahmen notwendig werden, die wir mit ihm suchen oder bei Bedarf sogar neu entwickeln und anbieten. Die IQ-Beratungsstellen würden Herrn Shabani bei diesem Prozess durchgängig beraten und begleiten.

Falls das mit der Polizei doch nichts werden sollte, können die Mitarbeiterinnen und Mitarbeiter von IQ auch Alternativen aufzeigen, die den Wünschen, Vorstellungen und Kompetenzen von Herrn Shabani gerecht werden. In diesem Fall bestünde beispielsweise die Möglichkeit, in der Sicherheitsbranche im privatwirtschaftlichen Bereich zu arbeiten.

Müller-Thurau: Im Förderprogramm IQ wird auf 380 Teilprojekte hingewiesen. Da wird einem ja ganz schwindelig angesichts der Vielfalt. Auf welche Projekte möchten Sie die Leserinnen und Leser dieses Buches gern besonders aufmerksam machen?

Tülay Ates-Brunner: Das ist schwierig. Das Förderprogramm IQ besteht aus 16 Landesnetzwerken und fünf Fachstellen, die bundesweit migrationsspezifische Themen bearbeiten. Jedes Landesnetzwerk setzt die drei Handlungsschwerpunkte »Anerkennung- und Qualifizierungsberatung«, »Qualifizierungsmaßnahmen« und »interkulturelle Kompetenzentwicklung« um. Die beteiligten Akteure sowie die Wege und Strategien sind in jedem Bundesland jedoch unterschiedlich und an die regionalen Umstände angepasst. Ausgezeichnete Projekte, die einen besonders innovativen und nachhaltigen Ansatz verfolgen, werden regelmäßig auf der IQ-Webseite in der Rubrik »IQ Good-Practice-Beispiele« vorgestellt. Ein Blick auf die IQ-Webseite lohnt sich!

5 Der erfolgreiche Auftritt im Vorstellungsinterview

»Klappern gehört zum Geschäft.« Dieser uralte Spruch stammt eigentlich aus dem deutschen Handwerk. Mit einer Klapper aus Holz machten im Mittelalter Handwerker auf ihre Leistungen aufmerksam. Heute nennt man das Eigenwerbung und diese ist unverzichtbar, wenn man erfolgreich sein will. Als Bewerber sollte man sich deshalb in aller Ausführlichkeit mit der Frage befassen, welche Faktoren die persönliche Außenwirkung im Interview vorteilhaft bestimmen.

Bei dieser Gelegenheit sei nochmals daran erinnert, dass es bei einer Bewerbungsaktion nicht ganz so zugeht wie im wirklichen Leben. Kein Personaler wird am Ende eines missglückten Interviews sagen, dass Sie heute wohl nicht gut drauf sind, und fragen, ob Sie nicht bei anderer Gelegenheit wieder vorbeischauen möchten. Im wirklichen Leben — so heißt es — dürfe man Fehler machen, denn aus Fehlern kann man ja lernen. Darauf hatte ich schon hingewiesen. Aber das stimmt leider nicht immer. Wenn ein Fahrdienstleiter zwei Zügen aus entgegengesetzter Richtung die Einfahrt in eine eingleisige Bahnstrecke erlaubt, dann wird er aus diesem Fehler nichts lernen können und seinen Job für alle Zeiten verlieren. Und nach dem Vorstellungsgespräch wird man den angestrebten Job aufgrund eines unglücklichen Auftritts nicht erhalten. Eine zweite Chance gibt es nicht.

5.1 So stimmen Sie sich mental ein

Einen selbstsicheren und überzeugenden Auftritt kann man nicht so nebenbei erlernen. Besonders die im Bewerbungsgeschäft noch ungeübten Nachwuchskräfte tun sich bisweilen vor Ort recht schwer. Aber man kann sich auf ein Vorstellungsgespräch vorbereiten und dadurch Sicherheit gewinnen. Mit der richtigen mentalen Einstellung geht es los. Die erfolgreiche Zukunft beginnt im Kopf.

Boris Becker, der legendäre und jüngste Wimbledon-Sieger in der Geschichte dieses Turniers, hat dazu einmal etwas Wichtiges und Richtiges gesagt: Wenn man erfolgreich sein wolle, müsse man mental gut drauf sein. Was für sportliche Höchstleistungen gilt, das gilt auch für ein überzeugendes Vorstellungsgespräch — man muss psychisch gut drauf sein, um in einer Bewährungssituation ein gutes Niveau halten oder gar über sich hinauswachsen zu können.

! **Achtung: Das Interview als sportliche Herausforderung annehmen**

- Verbringen Sie den Abend vor Ihrem Termin nicht allein, sondern am besten mit Freunden oder jemand anderem, der Ihnen am Herzen liegt. Sprechen Sie offen über Ihre eventuellen Befürchtungen und über Ihre Hoffnungen. Natürlich machen Sie nicht die ganze Nacht durch, aber seelischer Rückenwind tut immer gut. Das gilt vorrangig für Berufseinsteiger.
- Planen Sie so viel Zeit für die Anreise ein, dass Sie keine Angst haben müssen, zu spät zu Ihrem Termin zu kommen. Eine zu knappe Zeitplanung strapaziert nur unnötig die Nerven. Faustregel: Nehmen Sie einen Zug, der so früh fährt, dass Sie im Notfall auch mit dem späteren pünktlich am Zielort wären. Im Übrigen darf angenommen werden, dass manchmal ein Engagement scheitert, weil der Bewerber keinen Parkplatz gefunden hat.
- Gehen Sie in jedes Gespräch mit der Option, dass Sie zu einem eventuellen Angebot auch Nein sagen können. Das mag sich für Bewerber, die in Not sind, zynisch anhören, ist aber eine wichtige Voraussetzung für ein gelungenes Interview. Personalexperten wünschen sich keine Bewerber, die unbedingt einen Job haben möchten und gar darum kämpfen. Stattdessen wünschen sie sich Interessenten, mit denen sie gemeinsam kritisch prüfen können, ob die zu vergebende Aufgabe passen könnte. Das ist die beste Gewähr gegen Fehlentscheidungen – und zwar für beide Seiten.
- Und vergessen Sie nicht: Sie wurden zum Gespräch eingeladen, weil sich Ihr Profil in Hinblick auf die zu vergebende Aufgabe sehen lassen kann. Wer eine Einladung zum Vorstellungsgespräch erhalten hat, hat ein Kompliment bekommen. Das sollte man sich vorab noch einmal vergegenwärtigen. Es tut der Seele gut.
- Der Arbeitgebermarkt wurde einstweilen von einem Arbeitnehmermarkt abgelöst. Unternehmen investieren deshalb erhebliche Mittel, um sich als attraktive Arbeitgebermarke zu profilieren. »Employer Branding« steht hoch im Kurs.
- Nicht nur die Medien haben den »war for talents« ausgerufen, der unter anderem mit dem demografischen Wandel begründet wird. Das ist gut für den selbstbewussten Auftritt als Bewerber, ändert aber nichts an dem Umstand, dass der Bessere der Feind des Guten ist. Besonders attraktive und gut dotierte Jobs werden immer hart umkämpft sein.
- Auch wenn der potenzielle zukünftige Arbeitgeber diesem Sachzwang der »Verknappung« im Bewerbermarkt ausgeliefert ist, wird er dem arrogant auftretenden Bewerber die rote Karte zeigen.

Und noch etwas, was viele Bewerber nicht bedenken: Das Vorstellungsinterview ist ein psychodiagnostischer Prozess, bei dem es um die Persönlichkeit eines Kandidaten geht. Da soll jemand durchleuchtet und gar durchschaut werden – »Erzählen Sie mal etwas über Ihre Schwächen!« –, nicht wenige fühlen sich dementsprechend als Objekt des Geschehens.

Nein, lassen Sie das nicht zu. Drehen Sie den Spieß um und betreiben Sie ebenfalls Psychodiagnostik: Was für ein Typ ist mein Gesprächspartner? Das bringt Sie psychologisch in eine Position der Stärke und schützt gegebenenfalls vor einer Fehlentscheidung. Möglicherweise warnt Sie Ihr Bauch vor einer Zusammenarbeit, weil die Chemie nicht stimmt. Hier ist natürlich Einfühlungsvermögen gefragt, aber das gilt ja für die meisten Aufgaben im Berufsleben. In der Psychologie spricht man von kognitiver Empathie und meint damit die Fähigkeit, mit dem Kopf des Interviewpartners zu denken. Worauf zielen seine Fragen ab? Und für welche Persönlichkeitseigenschaften interessiert sich der Interviewer?

Achtung: Die »Big Five« in der Eignungsdiagnostik !

Mit den »Big Five« sind fünf fundamentale Persönlichkeitsfaktoren gemeint, die ganz erheblich über den Berufserfolg bestimmen. Sie gelten als wissenschaftlich abgesichert und werden entweder über psychologische Testverfahren ermittelt oder sind – indirekt – Gegenstand von Vorstellungsinterviews. Für einen Bewerber ist es von Vorteil zu wissen, worauf manche Fragen abzielen. Hier sind die »Big Five«[12]:

1. Neurotizismus

Dieser Faktor bezieht sich auf die emotionale Instabilität beziehungsweise Stabilität einer Person. Menschen mit einer hohen Ausprägung von Neurotizismus erleben öfter Angst, Nervosität, Anspannung, Trauer, Unsicherheit und Verlegenheit. Zudem bleiben diese Empfindungen bei ihnen länger bestehen und werden leichter ausgelöst. Personen mit niedrigen Neurotizismuswerten sind eher ruhig, zufrieden, stabil, entspannt und sicher. Sie erleben seltener negative Gefühle. Dabei sind die niedrigeren Werte nicht zwangsläufig mit dem Erleben positiver Emotionen verbunden.

2. Introversion/Extraversion

Bei diesem Faktor geht es um das zwischenmenschliche Verhalten, die Einstellung vom Ich zum Du. Personen mit hohen Extraversionswerten sind gesellig, aktiv, gesprächig, personenorientiert, optimistisch und eher heiter. Sie sind zudem empfänglich für Anregungen und Aufregungen. Introvertierte Personen sind zurückhaltend bei sozialen Interaktionen, arbeiten gerne allein und unabhängig. Sie können auch sehr aktiv sein, aber weniger in Gesellschaft.

3. Offenheit

Menschen unterscheiden sich in ihrem Interesse nach außen und darin, wie sehr sie sich mit neuen Erfahrungen und Eindrücken beschäftigen. Personen mit hohen Offenheitswerten sind wissbegierig, fantasievoll und experimentierfreudig. Sie sind eher bereit, bestehende Regeln kritisch zu hinterfragen, und probieren gern etwas Neues aus. Personen mit niedrigen Offenheitswerten neigen hingegen zu konventionellem Verhalten und konservativen Einstellungen. Sie ziehen Bekanntes und Bewährtes dem Neuen vor. Bewahren statt verändern! Die Folge: Sie stehen Veränderungsprozessen eher abwartend bis skeptisch gegenüber.

4. Verträglichkeit

Bei diesem Faktor geht es wie bei dem Merkmal Extraversion um interpersonelles Verhalten. Personen mit hohen Verträglichkeitswerten schenken anderen Vertrauen und Wohlwollen, glauben eher an das Gute im Menschen und verhalten sich koope-

[12] Quelle: Peter Borkenau/Fritz Ostendorf: NEO-Fünf-Faktoren-Inventar (NEO-FFI) nach Costa und McCrae, Hogrefe 1993, Seite 5–10, 27–28.

rativ. Personen mit niedrigen Verträglichkeitswerten beschreiben sich im Gegensatz dazu als antagonistisch und misstrauisch. Sie verhalten sich eher wettbewerbsorientiert und suchen die Auseinandersetzung. Diese Haltung scheint sozial unerwünschter zu sein, wobei aber nicht vergessen werden darf, dass die Fähigkeit, um seine Interessen zu kämpfen, manchmal sehr hilfreich sein kann.

5. Gewissenhaftigkeit

Dieser fünfte Faktor der »Big Five« lässt sich auffächern in die Untermerkmale Selbstkontrolle, Genauigkeit und Zielstrebigkeit. Personen mit hohen Gewissenhaftigkeitswerten handeln organisiert, zuverlässig und verantwortlich. Sie machen Pläne und führen sie auch durch. Personen mit niedrigen Gewissenhaftigkeitswerten zeigen einen Mangel an Sorgfalt und handeln spontan und planlos.

Nun hat man sich also mental gut eingestimmt und weiß, was der Interviewer herausbekommen möchte, dennoch ist man aufgeregt. Was hat es mit der Angst auf sich? Hier kann die Sprache eine hilfreiche Auskunft geben. Das Wort »Angst« leitet sich vom Lateinischen »angustie« ab, was so viel bedeutet wie Enge. Dies führt auf eine interessante Spur: Wer sich beengt fühlt, hat keine Handlungsfreiheit mehr und bleibt damit unter seinen Möglichkeiten. Angst stört und lähmt physiologische, hormonelle sowie vor allem intellektuelle Prozesse. In diesem Sinne wirkt Angst leistungshemmend und verdirbt Bewerbern bisweilen die Chancen auf einen neuen Job. Nach dem Vorstellungsinterview oder einer Prüfung fallen einem bekanntlich oft die tollen Sachen ein, die man hätte sagen können.

Manche Bewerber reichen einem bei der Begrüßung die Hand wie einen nassen Lappen. Wenn es um eine Aufgabe geht, die Belastbarkeit und Stressresistenz erfordert, macht das keinen guten Eindruck. Was hilft gegen feuchte Hände und Herzklopfen?

- Nicht auf den letzten Drücker anreisen. Zeitnot wirkt schweißtreibend.
- Vor dem Gespräch besser keinen Kaffee trinken. Das kann man während des Interviews tun.
- Während des Wartens die Hände nicht baumeln lassen, bei manchen Menschen schwellen die Finger an und sie bekommen »Wurstfinger«.
- Ein positiver Effekt lässt sich erzielen, indem man auf der Toilette kaltes Wasser über den rechten Unterarm laufen lässt. Das tut der Grußhand (rechte Hand) gut.
- Aufkommende Angstgefühle akzeptieren und nicht bekämpfen! Das entkrampft deutlich.
- Nachwuchskräfte und Berufseinsteiger dürfen selbstverständlich aufgeregt sein.

5.2 Augen und Ohren offen halten

Unser Verhalten wird durch Informationen gesteuert. Wenn diese falsch, lückenhaft oder einseitig sind, können wir in der Auseinandersetzung mit der Umwelt nicht erfolgreich sein. Wahrnehmung ist die Grundlage unseres Handelns. Und so lautet denn ein Grundsatz des Scheiterns: falsche Wahrnehmung — falsches Verhalten! Wenn man die körpersprachliche Botschaft des Interviewpartners nicht mitbekommt, man möge sich doch bitte kurz fassen, strapaziert man auf unvorteilhafte Art und Weise dessen Geduld oder wird irgendwann ausgebremst.

!

Achtung: Beobachtende und Beobachtete

Man kann die Menschheit etwa in zwei Hälften einteilen. Zur ersten gehören jene, die sich in sozialen Situationen immer beobachtet fühlen, und dann gibt es die anderen, die grundsätzlich als Beobachter auftreten. Da unser Verhalten durch das gesteuert wird, was wir sehen und hören, sind jene Mitmenschen natürlich schlecht dran, die wenig oder nichts mitbekommen. Beobachter treten sozial kompetenter auf. Sie sind meist gute Zuhörer, können sich auf ihre jeweiligen Gesprächspartner besser einstellen, finden Aufhänger für Gespräche und sehen beizeiten, wo die Fettnäpfchen stehen.

Was sollte man als Bewerber mitbekommen? Es gibt immer wieder Details, die sich für einen gewinnenden Auftritt nutzen lassen. Trainieren Sie sich darin, auch scheinbar kleine Dinge wahrzunehmen, damit Sie sie später im Gespräch anbringen können. Hier einige Beispiele:

- Befindet sich der Betrieb vielleicht in einem historischen Gebäude? Ein großes deutsches Verlagshaus hat beispielsweise die Abteilung Personalentwicklung in einer Villa aus dem Jahr 1904 untergebracht, die Jahreszahl ist über dem Eingangsportal eingemeißelt. Auf diesen Umstand kann man gleich bei der Begrüßung eingehen und hat einen guten Aufhänger für das Warming-up.
- Ist die Architektur des Firmensitzes interessant? In Braunschweig befindet sich eine Druckerei und Repro-Anstalt in einem Gebäude, das im Bauhausstil errichtet wurde. Man ist dort stolz darauf und deshalb kommt es gut an, wenn ein Bewerber dies bemerkt. Da der Betrieb bereits auf seiner Homepage darauf hinweist, kann es nicht schaden, sich mit der Bauhausbewegung in Dessau und Weimar vorab ein wenig zu beschäftigen. Dem Geschäftsführer würde man mit derartigen Kenntnissen Freude machen, denn sie zeigen, dass man sich mit dem potenziellen zukünftigen Arbeitgeber beschäftigt hat.
- Welche Bilder hängen im Foyer und in den Fluren? Gibt es eine Ahnengalerie aus der Gründerzeit des Unternehmens? Unbedingt anschauen und wichtige Namen merken. Wenn das Gespräch auf die Firmengeschichte

kommt, können Sie sich unter Hinweis auf die Bilder als wacher Beobachter zeigen.

- Wer sich bei Beiersdorf in der Unnastraße in Hamburg bewirbt und der Meinung ist, dass die Straße nach einer deutschen Stadt benannt ist, zeigt sich schlecht vorbereitet. Der berühmte Dermatologe Prof. Paul Gerson Unna hat die Entwicklung von Nivea ermöglicht.
- Gibt es ein für Besucher zugängliches schwarzes Brett oder einen Info-Kasten? Hier kann man interessante Informationen finden, zum Beispiel über die positive Entwicklung der Zahl der Verbesserungsvorschläge oder den Rückgang der Betriebsunfälle.
- Sind Produkte im Empfangsbereich ausgestellt? Gehen Sie davon aus, dass ein Werkstück nicht ohne Stolz vorgezeigt wird. Mal handelt es sich um technologische Innovationen, mal um Arbeiten, die Auszubildende des Betriebs angefertigt haben. Das sind gute Aufhänger für das anstehende Vorstellungsgespräch.
- Bei größeren Unternehmen liegt oft die Mitarbeiterzeitung offen aus. Unbedingt vor dem Gespräch hineinschauen! Da lesen Sie beispielsweise, dass das Unternehmen die ortsansässige Handballmannschaft sponsert oder gerade ein Tag der offenen Tür stattgefunden hat.
- Wie ist das Büro des Gastgebers eingerichtet? Zweckmäßig oder gediegen? Futuristisch oder im Retro-Look? Gibt es Hinweise auf Liebhabereien oder eine bestimmte Kunstrichtung? Sind auf dem Schreibtisch des Personalers Fotos von seinen Lieben versammelt? Hängen Kinderzeichnungen an der Wand? Ein guter Beobachter kann sich einen ersten Einblick in die Persönlichkeit seines Gesprächspartners verschaffen, indem er sich aufmerksam umschaut.
- Achten Sie auf die Kleidung Ihres/Ihrer Gesprächspartner! Ist das Jackett bei der Begrüßung geschlossen? Dann haben Sie es offenbar mit jemandem zu tun, der besonders auf Stil achtet. Tun Sie dies auch. Sie sind overdressed? Bringen Sie bei Gelegenheit das Gespräch auf diesen Umstand. Etwa: »Ich vermute, dass in Ihrem Unternehmen Förmlichkeiten und Etikette keine große Rolle spielen.« Oder: »Ich habe den Eindruck, dass hier sehr pragmatisch gearbeitet wird. Das gefällt mir.« In einem namhaften Möbelhaus kann es Bewerbern passieren, dass sie die Führungscrew in praktischer Arbeitskleidung mit Firmenlogo empfängt.
- Sind Unternehmensgrundsätze oder Standards zum Ungang mit Kunden ausgehängt? Wenn es im Gespräch um die Themen Führung und Zusammenarbeit sowie Kundenorientierung geht, kann sich ein wacher Bewerber darauf beziehen. Nicht selten findet sich das Unternehmensleitbild auf der Homepage. Sie müssen es nicht auswendig lernen, aber es kann durchaus sinnvoll sein, sich ein oder zwei besonders interessante Aussagen zu merken.

Slogans deutscher DAX-Unternehmen

Mit Slogans (Corporate Claim) drücken Unternehmen ihre Grundwerte, Überzeugungen und Stärken aus. Slogans sind praktisch das Credo der Markenstrategie. Man sollte also wissen, mit welcher Botschaft das Unternehmen, bei dem man sich beworben hat, im Markt auftritt. Hier einige Beispiele bekannter Marken:[13]

- Adidas: Create your own game.
- Allianz: Hoffentlich Allianz versichert.
- BASF: We create chemistry.
- Bayer: Science for a better life.
- Beiersdorf: Focus on skincare. Closer to markets.
- BMW: Freude am Fahren.
- Commerzbank: Die Bank an Ihrer Seite.
- Continental: The future in motion.
- Deutsche Bank: Leistung aus Leidenschaft.
- Deutsche Telekom: Erleben, was verbindet.
- E.ON: Wir gestalten die Zukunft der Energie.
- Fresenius: Forward thinking healthcare.
- HeidelbergCement: For better building.
- Henkel: Excellence is our passion.
- Infineon: Never stop thinking.
- Lanxess: Energizing chemistry.
- Linde: LeadIng.
- Lufthansa: Nonstop you.
- Merck: Living innovation.
- Munich Re: Not if, but how.
- RWE: VoRWEg.
- SAP: The best-run businesses run SAP.
- Siemens: Die Welt von morgen braucht unsere Antworten schon heute.
- ThyssenKrupp: Wir entwickeln die Zukunft für Sie.
- Volkswagen: Das Auto.

5.3 Knigge: mit Umgangsformen punkten

Selbstverständlich wird das stilsichere Auftreten besonders bewertet, wenn es für die zu vergebende Aufgabe wichtig ist. Das gilt für Funktionen mit direktem Kundenkontakt, ebenso für Jobs, in denen man einen Unternehmensbereich gegenüber anderen Bereichen zu repräsentieren hat. Auch wenn ein Nasenring nicht mit der fachlichen Qualifikation zusammenhängt, dürfte er in vielen Branchen und Funktionen eine Einstellung verhindern.

---

[13] Quelle: Slogans.de

Kurzum: »Knigge« ist wieder gefragt. Adolph Freiherr Knigge veröffentlichte in seinem berühmten Buch »Über den Umgang mit Menschen« sein Verständnis von guten Umgangsformen.

Worum geht es? Als das englische Königspaar einmal Deutschland beehrte, wurde Prinz Philip mit dem Wort »Protokoll« konfrontiert. »Protokoll?«, soll er gefragt haben, »das Wort kennen wir gar nicht.« Als der Gesprächspartner dem Prinzen erklärt hatte, was darunter zu verstehen sei, soll dessen Antwort gelautet haben: »Ein Protokoll gibt es bei uns nicht. Alles, was wir haben, sind gute Manieren!«

Gute Manieren, heißt es manchmal, seien Glücksache. Nein — es geht um die Kenntnis und Umsetzung von Regeln. Wer geht vor, wenn man mit der Personalleiterin eine Treppe hinaufsteigt? Darf man beim gemeinsamen Essen in der Kantine die Suppe von der Löffelseite in den Mund fließen lassen und Kartoffeln schneiden, wenn man ein nicht anlaufendes Edelstahlmesser zur Hand hat?

Benimmbücher und -kurse haben derzeit Konjunktur. Das hängt zum einen damit zusammen, dass Umgangsformen an Bedeutung gewonnen und sich seit Frau Pappritz, jener legendären Anstandsdame Deutschlands, durchaus auch verändert haben. Nach wie vor gilt — es wurde nur zwischenzeitlich vergessen —, dass gute Manieren Wertschätzung signalisieren. Wenn ein Bewerber nach dem zweiten Vorstellungsgespräch eine Absage per SMS erhält, ist das nicht nur stillos, sondern es sagt wenig Schmeichelhaftes über das entsprechende Unternehmen aus. Aus gutem Grund sind die Flegeljahre der Etikette vorbei. Beherzigen Sie daher die folgenden Tipps, die Ihnen zu einem sicheren und gewinnenden persönlichen Auftritt verhelfen:

- Früher war die Frage, wer wen zuerst grüßt, eine Statusfrage. »Heute«, so die Hamburger Benimm-Expertin Alexa Hengstenberg, »grüßt derjenige zuerst, der den anderen zuerst sieht.« Floskeln wie »Darf ich mich vorstellen?« oder »Gestatten?« sind überholt. Man nennt seinen Namen, quittiert eventuell die Namensnennung des anderen mit einem »Freut mich« und geht dann zum Smalltalk über.
- Als Bewerber marschiert man nicht mit weit ausgestreckter Hand auf seinen Gastgeber oder die Gastgeberin zu. Zum Shakehands fordert der Einladende auf.
- Wenn das Gespräch begonnen hat und ein weiterer Gesprächspartner kommt hinzu, stehen die Anwesenden selbstverständlich zur Begrüßung auf. Die Regel, dass eine Dame in diesem Fall immer sitzen bleibt, gilt nicht mehr. »Heute entscheidet jede Frau selbst, ob sie bei der Begrüßung aufstehen möchte«, sagt Inge Wolff, Vorsitzende des Arbeitskreises Umgangsformen International.
- Der Bewerber wartet ab, bis er aufgefordert wird, sich zu setzen.

- »Bitte schön, nehmen Sie Platz!« Es gibt Bewerber, die wählen auf diese Aufforderung hin den Stuhl des Gastgebers, obwohl auf dem Tisch bereits Unterlagen liegen. Es ist keine Schande, nervös zu sein — gerade deshalb ist es gut, sich vorab mit einer angemessenen Sitzordnung vertraut zu machen. Prüfen Sie, welche Plätze durch Gegenstände »markiert« sind. Im Zweifelsfall haben ja zuvor schon andere Bewerbungsgespräche stattgefunden.
- Vermeiden Sie grundsätzlich den Platz an der Stirnseite eines Tisches.
- Wenn möglich, suchen Sie sich einen Platz aus, von dem aus Sie nicht direkt in die Sonne blicken müssen. Man fühlt sich in diesem Fall wie bei einem Verhör und die gegenübersitzenden Gesprächspartner sehen aus wie Scherenschnitte.
- Setzen Sie sich nicht direkt neben Ihren Gesprächspartner. Über Eck ist eine gute Position.
- Der Gastgeber bestimmt die Agenda! Auch wenn es eine Weile ruhig im Raum bleibt, sollten Sie nicht einfach die Initiative ergreifen und das Gespräch eröffnen. Für die Einladung zum Gespräch können Sie sich bereits bei der Begrüßung bedanken.
- Wer bestimmt, wann die Aufwärmphase vorbei ist? Auch das macht der Gastgeber. Passen Sie als Bewerber also auf, dass Sie nicht ins Plaudern kommen und aus Zeitgründen abgewürgt werden müssen.
- Auch den Übergang zu weiteren Gesprächsphasen bestimmt der Einladende. In der Regel hat er ja nicht nur einen Zeitplan, sondern auch eine Vorstellung, welche inhaltlichen Stationen im Verlauf des Interviews angesteuert werden sollen.

Zum stilvollen Auftritt gehört natürlich auch der Umgang mit Namen. Das mag banal erscheinen und doch zeigt sich hier soziale Kompetenz oder häufiger noch soziale Inkompetenz. Wer seinen Gesprächspartner hin und wieder — nicht übertreiben! — mit Namen anspricht, zeigt Wertschätzung und schafft Nähe. Dazu muss man die Namen allerdings parat haben und darf sie bei mehreren Gesprächspartnern nicht verwechseln und schon gar nicht verunstalten. Dass sich im Verlauf des Interviews die Frage »Wie heißen Sie noch mal?« verbietet, versteht sich von selbst. Die folgenden Tipps helfen Ihnen dabei, sich die Namen zu merken.

Tipps: Sicherer Umgang mit Namen !

- Sie haben eine Einladung zum Vorstellungsgespräch erhalten? Bestätigen Sie den Termin nicht per E-Mail, sondern rufen Sie an —allerdings nur das Sekretariat. Bestätigen Sie den Termin und fragen Sie beiläufig nach, wer eventuell noch außer dem Einladenden am Interview teilnimmt. So können Sie in Erfahrung bringen, dass eventuell neben dem Personaler der zukünftige Fachvorgesetzte und der Assistent der Geschäftsführung zugegen sein werden. Namen aufschreiben und merken. Ein kleiner Zettel ist hier hilfreich, auf den man kurz vor dem Gespräch noch einmal einen Blick wirft.

- Wenn vor Ort Ihnen namentlich unbekannte Gesprächspartner überraschend hinzukommen und Sie bei der Vorstellung den Namen nicht richtig verstanden haben, fragen Sie sofort nach. Mancher Bewerber verpasst hierfür den richtigen Zeitpunkt und hat dann später Probleme mit der Anrede.
- Wenn Ihnen Visitenkarten überreicht werden, stecken Sie diese nicht gedankenlos weg, sondern legen Sie sie vor sich auf den Tisch. Es kann recht hilfreich sein, sie hin und wieder im Blick zu haben.

Nun beginnt der Gesprächspartner in der Regel damit, das Unternehmen vorzustellen, wird aber oft nach drei Sätzen unterbrochen. »Darf ich mir Notizen machen?« Viele Bewerber stellen diese Frage so, als verdienten sie ein Lob dafür. In Wirklichkeit ist sie überflüssig, weil natürlich niemand einem Bewerber das Mitschreiben verbieten wird. Aber das Mitschreiben verrät einen Mangel an Empathie. Versetzen Sie sich einmal in die Lage Ihres Gastgebers. Stellen Sie sich vor, Sie beschreiben Ihrem Kandidaten das Unternehmen, die Aufgabe und was es sonst noch zu berichten gibt – und der schreibt die ganze Zeit mit. Wie fühlen Sie sich? Richtig, wie bei einem Diktat. Blickkontakt? Keiner. Dialog? Abgebrochen. Ein sich ständig Notizen machender Bewerber ist eine Zumutung.

Warum das Urteil so hart ausfällt? Weil man sich als Interviewer einen konzentrierten Zuhörer wünscht, der einen anschaut und sich merken kann, was man ihm erzählt. Immerhin geht es um die Zukunft dieser Person. Es ist verwunderlich, wie selten Bewerber diese doch so offensichtliche Profilierungschance nutzen.

!

Achtung: Ohren wie Schöpflöffel

Wenn Sie richtig gut sind, achten Sie auf Details, die sich für ein späteres Nachfragen eignen, denn die Gesprächsphase, die mit »Welche Fragen darf ich Ihnen denn nun beantworten?« beginnt, kommt mit Sicherheit. Wenn Sie dann mit den Worten »Sie haben eingangs erwähnt, dass Ihr Unternehmen ...« reagieren können, profilieren Sie sich als guter Zuhörer.

Eine Frage des guten Benehmens ist es auch, dem oder den Gesprächspartnern durch Blickkontakt Aufmerksamkeit und Wertschätzung zu schenken. Der Personaler, der während der Präsentation eines Bewerbers scheinbar teilnahmslos zum Fenster hinausschaut, ist ein eher unangenehmer Mitmensch. Manche halten das gar für eine taktische Maßnahme, um die Belastbarkeit eines Kandidaten zu testen. Lässt er sich verunsichern oder trägt er unbekümmert seinen Werdegang vor? Als Bewerber darf man so etwas natürlich nicht, sondern muss aufpassen, dass man in einer größeren Runde niemanden ignoriert.

Beispiel: Drei Gegenüber auf einmal !

Ein Bewerber wird im Vorstellungsgespräch mit drei Gesprächspartnern konfrontiert: Da ist zunächst der Geschäftsführer, der ihn eingeladen hat, dann dessen Assistent und eine Abteilungsleiterin, die den Personalbedarf hat. Während des gesamten Interviews spricht der Bewerber fast immer den Geschäftsführer an. Selbst wenn die anderen Beteiligten eine Frage stellen, erhält der Erstere die Antwort.

Diese ungleiche Verteilung von Aufmerksamkeit wird meist als Autoritätsfixierung gedeutet: Man schaut nur auf denjenigen, der allen anderen zeigen kann, wo der Hammer hängt. Ein guter Geschäftsführer wird aber nach dem Interview seine Kollegen und Kolleginnen fragen, welchen Eindruck sie von dem Kandidaten haben. Das Urteil dürfte eher ungünstig ausfallen, wenn man vom Bewerber gar nicht zur Kenntnis genommen wurde. Deshalb vorher daran denken und allen Gesprächspartnern Aufmerksamkeit schenken.

5.4 Die gekonnte Selbstpräsentation

Personaler: »Nun schießen Sie mal los!« Bewerber: »Also: Ich bin 35 Jahre alt, habe zwei ältere Brüder und bin in einem kleinen Dorf aufgewachsen. Meine Eltern hatten – und haben immer noch – eine kleine Bäckerei in meinem Geburtsort, an dem ich übrigens auch die Grundschule besucht habe. Später bin ich dann auf eine höhere Schule gegangen, obwohl meine Eltern sich sehr gewünscht hätten, dass ich Bäcker werde und die Bäckerei übernehme. Meine großen Brüder hatten keine Lust dazu und so war ich die letzte Hoffnung. Sie müssen wissen, dass wir diese Bäckerei bereits in der dritten Generation betreiben. Für mich kam das aber überhaupt nicht infrage – einmal, weil ich …«

»Gnade!«, möchte der Interviewer flehen und wird jetzt entweder beherzt eingreifen oder sich von seinem Terminplan verabschieden. »Er kann die Tinte nicht halten«, spottete der Göttinger Aphoristiker Georg Christoph Lichtenberg einmal über einen Schriftsteller. Sinngemäß gilt dies auch für das gesprochene Wort und manchen Bewerber.

Tipp: Prägnante Selbstdarstellung !

Empfehlung von Martin Luther zur Selbstdarstellung: »Tritt fest auf! Mach's Maul auf! Hör bald wieder auf!«

Hier einige Beispiele für einen guten Start bei der Selbstpräsentation, die Sie natürlich an Ihren Werdegang und an die zu vergebende Aufgabe anpassen müssen:

- »Wie Sie meinen Unterlagen entnommen haben, entschied ich mich nach dem Schulabschluss für eine Ausbildung zum …«
- »Wie Sie meinem Werdegang entnehmen konnten, habe ich mich bereits während meiner Ausbildung besonders für das Finanz- und Rechnungswesen interessiert und deshalb …«
- »Wie Sie wissen, habe ich nach meinem Studium der Betriebswirtschaftslehre und einer dreijährigen Tätigkeit als Projektleiter Kundenbetreuung mit Erfolg die von mir erstellten Kalkulationen bei den Kunden durchgesetzt und …«
- »Meinen persönlichen Werdegang kennen Sie ja bereits. Gern erwähne ich hier, dass ich schon während des Studiums darauf geachtet habe, wichtige Zusatzqualifikationen zu entwickeln. Besonders viel Spaß hat es mir immer gemacht, im Team Projekte zu bearbeiten und diese zu organisieren. Meine Kommilitonen sagten immer: ›Komm, übernimm du das – du kannst gut organisieren.‹ Aus diesem Grund hat mich Ihr Angebot sehr angesprochen und ich kann mir gut vorstellen …«

Am Schluss machen Sie zusammenfassend noch einmal klar, warum Sie sich für die zu besetzende Position interessieren und die richtige Person sind. Beispiel: »Aufgrund dieser Neigungen, Kenntnisse und Erfahrungen denke ich, zu dieser von Ihnen beschriebenen Aufgabe sehr gut zu passen.«

5.5 Zwischen Dichtung und Wahrheit

Der 38-jährige Betriebswirt hatte eine überzeugende Bewerbung eingereicht und machte im Vorstellungsgespräch ebenfalls einen guten Eindruck. Prädikatsexamen, vier offenbar erfolgreiche Jahre als stellvertretender Vertriebsleiter in der IT-Branche, internationale Erfahrungen, ein nachträglich erworbener Abschluss als MBA in London und vieles mehr. Der Personalchef, bei dem sich der Kandidat vorstellte, hatte dann aber doch ein komisches Gefühl und schaltete die britische Control Risks Group mit der Bitte ein, die Bewerbungsunterlagen zu überprüfen. Das Ergebnis: Einige der Zeugnisse waren schlicht gefälscht und die angeblich beruflichen Auslandserfahrungen bestanden aus Urlauben.

Nach einer Untersuchung der Control Risks Group, einer Unternehmensberatung für wirtschaftliche Risiken mit Sitz in Berlin, sagen zwölf Prozent aller Bewerber über ihre Fähigkeiten nicht die Wahrheit. Am meisten würde im IT-Bereich geschummelt. Aber was ist eigentlich Wahrheit? Für den Philosophen Hegel bedeutet Wahrheit, dass ein Begriff mit der Wirklichkeit übereinstimmt. Doch welche Wirklichkeit gehört zu dem Begriff »Erfahrungen«, die häufig in Stellenangeboten gefordert werden? Was verbirgt sich konkret hinter der Formulierung »verhandlungssicheres Englisch«? Und ab wann sind Kenntnisse umfassend? Hier gibt es erhebliche Interpretationsspielräume.

Berufserfahrung

Ein Praktikumssemester oder diverse kürzere Praktika kann man ebenso als Berufserfahrung werten wie Minijobs oder studienbegleitende Aushilfstätigkeiten. Wer nebenbei gekellnert hat, darf sich Erfahrungen im Umgang mit Gästen und Kunden zuschreiben. Wichtig ist, dass Sie im Vorstellungsgespräch den praktischen Nutzen formulieren können. Doch Vorsicht: Wenn ein Marketingfachmann gesucht wird und von »einschlägigen« Berufserfahrungen die Rede ist, kann man sich nicht auf einen Job als Tresen-Chef einer Kneipe beziehen.

Zur Erinnerung: Berufserfahrungen, die man über Minijobs, Praktika, Hospitationen oder irgendwelche studienbegleitende Tätigkeiten erworbenen hat, muss man auch als solche bezeichnen.

Führungserfahrung

Sie haben »federführend« mit Kolleginnen und Kollegen Projekte realisiert? Sie waren bisher zwar noch nicht weisungsbefugt, sind aber (sporadisch) als Teammanager eingesetzt worden? Derartige Tätigkeiten können Sie sehr wohl auf das Konto »erste Führungserfahrung« buchen. Wer Aufgaben mit nur fachlicher Weisungsbefugnis ausgeübt hat, sollte mit Recht darauf verweisen, dass Mitarbeiterführung ohne disziplinarische Befugnisse besonders hohe Anforderungen an die Persönlichkeit eines Vorgesetzten stellt. Und Führungsnachwuchskräfte sollten unbedingt im Lebenslauf anführen, dass Sie — gegebenenfalls — einmal Klassen- oder Schulsprecher waren.

Projektmanagement

Nachwuchskräfte dürfen sich bei der Frage nach Erfahrungen im Projektmanagement durchaus auf Projekte während der Ausbildung oder des Studiums beziehen. Da heutzutage fast jede zeitlich begrenzte Aufgabe als Projekt bezeichnet wird, dürfte sich etwas finden, was in diese Richtung zielt.

Präsentationserfahrung

Auch hier kann eine Nachwuchskraft auf entsprechende Ausbildungs- oder Studienergebnisse verweisen, die vor einem Publikum präsentiert werden mussten. Der Umgang mit Powerpoint ist heute eine Kulturtechnik wie Lesen und Schreiben. Die gewinnende Foliengestaltung beherrscht freilich nicht jeder, aber daran kann man arbeiten.

Sprachkenntnisse

Orientieren Sie sich an der Skala »Grundkenntnisse«, »Schulkenntnisse«, »entwickelte Schulkenntnisse«, »hinreichend in Wort und Schrift«, »gut in Wort und Schrift«, »sehr gut in Wort und Schrift« und »verhandlungssicher«. Verwenden Sie die beiden letzten Kategorien nur, wenn Sie eine eventuelle Bewährungsprobe bestehen würden. So manches Vorstellungsgespräch wird – zumindest teilweise – in der geforderten Fremdsprache geführt. Viele Bewerber mit Migrationshintergrund beherrschen zwei Muttersprachen und haben damit einen Wettbewerbsvorteil.

! **Hinweis: Bewertung von Sprachkenntnissen**

Alternativ zu der zuvor dargestellten Bewertungsskala ist eine Angabe der Sprachkenntnisse nach dem »Gemeinsamen europäischen Referenzrahmen für Sprachen« möglich. Dieser basiert auf sechs unterschiedlichen Sprachniveaus (A1, A2, B1, B2, C1 und C2), die europaweit vergleichbar sein sollen. Diese Sprachniveaus sind wiederum in drei Stufen wie folgt zusammengefasst:

- A1 und A2: elementare Sprachverwendung
- B1 und B2: selbstständige Sprachverwendung
- C1 und C2: kompetente Sprachverwendung

IT-Kenntnisse

Das Wissensniveau der IT-Kenntnisse muss nicht im tabellarischen Lebenslauf erscheinen. Wenn man allerdings behauptet, dass man – wie im Stellenangebot gefordert – von Excel Ahnung habe, sollte dies zumindest zum Zeitpunkt des Vorstellungsgesprächs stimmen. Ich erinnere mich als Personalberater an einen Fall, in dem der von mir empfohlene Bewerber von meinem Auftraggeber gebeten wurde, mal eben eine Excel-Tabelle zu erstellen.

5.6 In Deutschland darf man lügen

Der Hamburger Altbürgermeister Ole von Beust wurde von einem Journalisten einmal gefragt, ob er jemals gekifft habe. Darauf von Beust: »Diese Frage beantworte ich nicht.« Aber manchmal ist keine Antwort eben auch eine Antwort und daher hat der Gesetzgeber für das Vorstellungsinterview und für Bewerbungsbögen unzulässige Fragen definiert und dem Bewerber – sollten diese dennoch gestellt werden – ein Recht zur Lüge eingeräumt.

! **Hinweis: Fragen, die nicht wahrheitsgetreu beantwortet werden müssen**

- »Sind Sie Mitglied in einer Partei, Gewerkschaft oder Religionsgemeinschaft und falls ja, in welcher?« Für Tendenzbetriebe (Unternehmen und Institutionen mit ideeller Zielsetzung) gelten Ausnahmen. So ist beispielsweise die Frage nach der Konfessionszugehörigkeit bei Kirchen als grundsätzlich zulässig anzusehen.

- »Wie hoch ist Ihr derzeitiges Einkommen?« Die Frage muss nicht wahrheitsgemäß beantwortet werden, wenn sie darauf abzielt, die Vermögensverhältnisse eines Bewerbers auszuforschen. Hinter dieser Frage könnte insbesondere bei einer leistungsabhängigen Vergütung die Überlegung stehen, ob es der Bewerber überhaupt nötig hat zu arbeiten. Wahrheitsgemäß zu beantworten ist die Frage nach dem derzeitigen beziehungsweise letzten Einkommen, wenn der Bewerber in der Gehaltsverhandlung angibt, dass er sich keineswegs finanziell verschlechtern möchte oder sich ein Plus von zehn Prozent wünscht.
- »Sind Sie vorbestraft, etwa wegen Vermögensdelikten?« Auch hier gibt es eine Ausnahme. Wer sich um einen »geldsensiblen« Arbeitsplatz bewirbt (Bank, Einkauf), muss wahrheitsgemäß antworten.
- »Leiden Sie unter chronischen Krankheiten?« Zulässig ist die Frage, soweit eine gesundheitliche Beeinträchtigung die Erfüllung der arbeitsvertraglichen Pflichten von vornherein beeinträchtigen würde.
- »Sind Sie schwanger?« Die Frage nach einer bestehenden Schwangerschaft ist ausnahmslos unzulässig, deshalb darf eine Bewerberin gegebenenfalls die Unwahrheit sagen. Dies ist so in § 7 Abs. 1 AGG festgelegt.

Auskunftspflicht des Stellenbewerbers

Sind Bewerber verpflichtet, ungefragt Auskünfte zu geben? Nein, im Allgemeinen nicht. Der Arbeitgeber muss in einem Interview durch gezielte Fragen selbst herausfinden, ob der Bewerber zur angedachten Aufgabe passt. In manchen Fällen kann es allerdings durchaus sinnvoll sein, Unstimmigkeiten im beruflichen Werdegang von sich aus anzusprechen, noch ehe der Interviewpartner danach fragt. Das gilt beispielsweise für eine erkennbar nicht beendete Probezeit oder ein nicht abgeschlossenes Studium. In seltenen Fällen gilt eine Offenbarungspflicht des Bewerbers, etwa wenn es aufgrund einer Erkrankung oder einer anzutretenden Haftstrafe von vornherein ausgeschlossen ist, den Arbeitsvertrag zu erfüllen.

Hinweis: Zulässige Fragen !

Zulässig sind Fragen nach
- Motiven für den Arbeitsplatzwechsel,
- Lücken im Lebenslauf,
- beruflichen Fähigkeiten,
- dem bisherigen beruflichen Werdegang und
- der Vergütungshöhe der letzten Beschäftigung.

5.7 Strukturierte und unstrukturierte Interviews

Was ist in der Eignungsdiagnostik zielführender? Soll man ein Interview strikt nach einem für alle Bewerber gleichermaßen anzuwendenden Leitfaden durchführen oder es am individuellen Leistungsprofil und an der Biografie eines Interessenten ausrichten? Die Diskussion unter den HR-Experten läuft noch, aber es fällt auf, dass insbesondere Behörden und Ämter das strukturierte Interview favorisieren. Den Grund dafür kann man nur vermuten: Strukturierte Interviews sind vergleichbar und schützen damit vor dem Vorwurf der Diskriminierung nach dem Allgemeinen Diskriminierungsgesetz. Man ist als Einstellender dann zwar rechtlich auf der sicheren Seite, aber nicht unbedingt hinsichtlich der eignungsdiagnostischen Prognose. Bewerberinnen und Bewerber sollten wissen, dass es diese zwei Interviewformen gibt — zumal die strukturierte Variante eher befremdlich und verunsichernd wirkt.

Grundsätze eines strukturierten Interviews

- Die Fragen gründen auf einer Arbeitsanalyse.
- Jedem Bewerber werden die gleichen Fragen gestellt.
- Hilfestellungen beim Beantworten der Fragen werden vermieden.
- Es werden situative Fragen gestellt, zum Beispiel: »Was tun Sie, wenn Sie zum ersten Mal ein Meeting durchführen?«
- Die Fragen beziehen sich auf vergangenes Verhalten, zum Beispiel: »Was haben Sie im letzten Jahr genau getan, um Kosten zu sparen?«
- Den Bewerber erst fragen lassen, wenn das Interview beendet ist.
- Sich während des Gesprächs Notizen machen.
- Die gleichen Interviewer für alle Bewerber einsetzen.

Grundsätze eines unstrukturierten Interviews

- Ein unstrukturiertes Bewerbergespräch folgt keinem vorab festgelegten Fragenkatalog.
- Der Interviewer gibt auf Basis der Informationen, die er im Lauf des Gesprächs vom Bewerber erhält, eine Bewertung ab.
- Vorteil hier ist der größere Spielraum für Fragen zur Persönlichkeit, zudem kann individuell auf den Bewerber eingegangen werden.
- Die offene Gesprächsform entspannt die Situation des Bewerbers.

Alles hat seinen Preis. Das strukturierte Interview mag vergleichbarer und im Ergebnis weniger angreifbar sein, verläuft aber notgedrungen bürokratisch und emotionslos. Viele Bewerber berichten, dass sie sich bei dieser Interviewform vorgeführt fühlen. Im Vergleich dazu berücksichtigt das unstrukturierte Interview den Umstand, dass jeder Mensch einmalig und einzigartig ist. Hier kann man individuelle Besonderheiten und Biegungen im Lebenslauf intensiv erörtern und zu interessanten Erkenntnissen über einen Bewerber gelangen — und zwar nicht zuletzt zu dessen Vorteil. Das unstrukturierte Interview ist die gerechtere Methode. Und dafür gibt es auch eine psychologische Begründung: Die Tür zum anderen geht nach außen auf — man kann sie nicht einrennen. Man muss eine Atmosphäre schaffen, bei der das Gegenüber sich zu öffnen wagt. Nur wenn das geschafft ist, kann man gemeinsam klären, ob die Aufgabe und das Umfeld passen könnten.

6 Auf diese Fragen muss man vorbereitet sein

Das Herzstück eines jeden Vorstellungsgesprächs sind die Interviewfragen, die meisten davon sind typisch und damit zu erwarten. Wer als Personaler das Vorstellungsgespräch neu erfinden möchte, will das Rad neu erfinden. Fremd und weitgehend ungewohnt ist das alles für die Bewerber. Und hier haben viele Probleme. Wer sich ahnungslos zeigt, bekommt Minuspunkte für eine mangelhafte Vorbereitung. Mit dieser Frage, denkt man sich manchmal als Personalbeschaffer, hätte der Bewerber doch rechnen müssen. Ein Vorstellungsinterview ist im Grunde eine Verkaufsveranstaltung und jeder gute Verkäufer kennt die möglichen Fragen seines Kunden und hat überzeugende Antworten parat.

6.1 Typische Fragen zur Motivation der Bewerbung

»Warum haben Sie sich ausgerechnet bei uns beworben?«

Nicht selten müsste die Antwort wahrheitsgemäß lauten, dass der Bewerber einen Job sucht, um die Miete zahlen und seinen sonstigen Lebensunterhalt bestreiten zu können. Aber das geht nicht und so ist man denn gut beraten, sich bereits zu Hause eine passende Antwort zu überlegen. Die langweiligsten Antworten kommen etwa so daher: »Ich habe mich schon immer für Ihr Unternehmen interessiert. Und als ich dann die Stellenanzeige sah, habe ich sofort die Initiative ergriffen und mich beworben.« Oder: »Ich finde die Produkte einfach toll – und deshalb möchte ich in Ihrem erfolgreichen Team sehr gern mitarbeiten.«

Streichen Sie Satzanfänge wie »Ich habe schon immer ...« oder »Ich wollte schon immer ...«. Das bekommt ein Personaler ständig zu hören – und vor allem liefern Sie damit kein Argument. Wer erklärt, dass er schon immer etwas mit Menschen, Medien oder Tieren machen wollte, verweigert bei der Frage nach den Motiven die Antwort.

Von einem Bewerber wird erwartet, dass er kritisch prüft, welche Aufgaben und welche Unternehmen zu ihm passen – und zwar in dieser Reihenfolge. Wenn man der Überzeugung ist, dass die Inhalte und Anforderungen des Jobs stimmen, gilt es zu klären, aus welchen Gründen man sich mit einem bestimmten Unternehmen identifizieren könnte und dort beruflich starten möchte. Hier einige Hilfsfragen für die Vorbereitung:

- Welcher Geschäftszweck wird verfolgt?
- Was ist das Besondere an den Produkten?

- Was ist typisch für die Branche?
- Welche möglichen Vorzüge hat die Unternehmensgröße?
- Was gibt die Unternehmensgeschichte her?
- Handelt es sich um einen Familienbetrieb und welche Vorteile sind damit verbunden?
- Hat das gewählte Unternehmen einen besonderen Ruf, wenn es um das Thema Unternehmenskultur geht?
- Wie ist die Marktposition des Unternehmens? Marktführer? Oder interessanter Nischenanbieter?
- Welche Rolle spielen Eigenschaften wie Innovationsstärke, Kundenorientierung und Umweltschutz?
- Wie sieht die Altersstruktur aus?
- Ist das Unternehmen national oder international aufgestellt?
- Gibt es in der Biografe des Bewerbers einen persönlichen Bezug zu dem Unternehmen?

Personaler haben Angst vor Bewerbern, die nur unterkommen wollen. Sie haben Angst vor Jobhoppern, die oft verbrannte Erde hinter sich lassen. Und daher ist es gut, wenn Sie Ihre Motive für die Bewerbung nachvollziehbar darlegen können. Bewerben ist ein wenig wie flirten – ein Unternehmen möchte auserwählt sein.

!

Tipp: Berufliche Alternativen

Es gibt viele Mütter mit hübschen Töchtern! Das ist jetzt vielleicht politisch nicht ganz korrekt, aber es wäre doch sinngemäß unglaubwürdig, wenn man andere berufliche Alternativen von vornherein ausschließen würde. Natürlich gibt es immer noch Personaler, die bereits die Gewährung eines Vorstellungsgesprächs als Gnadenakt verstehen – aber diese Zeiten sind im »war for talents« vorbei.

Hier eine gute Antwort auf die Frage: »Warum haben Sie sich ausgerechnet bei uns beworben?« »Nun, Ihr Stellenangebot mit den beschriebenen Aufgaben und Anforderungen hat mich angesprochen. Dann habe ich mich über Ihr Unternehmen genauer informiert und festgestellt: Mit Ihren Produkten kann ich mich gut identifizieren und die Größe des Betriebs entspricht meinen Vorstellungen. Was mir besonders entgegenkommt, ist Ihr Engagement in den neuen EU-Staaten – ich habe gelesen, dass Sie unter anderem in Posen und Bialystok Verkaufsbüros einrichten werden. Unternehmen mit einem derartigen Profil interessieren mich ganz besonders.«

»Wo liegen nach Ihrer Einschätzung die Stärken unseres Unternehmens?«

Damit Sie hier nicht im Nebel stochern müssen, rufen Sie sich die wichtigsten Wettbewerbsparameter in Erinnerung. Zu den harten Faktoren (»Hardware-Faktoren«) gehören

- die Qualität der angebotenen Produkte oder Dienstleistungen,
- der Preis beziehungsweise die Kosten und
- die Lieferpolitik beziehungsweise Schnelligkeit der Lieferung.

Neben den »Hardware-Faktoren« gibt es die »Software-Faktoren« wie

- das Image des betreffenden Unternehmens beziehungsweise seiner Produkte und Dienstleistungen,
- die Kommunikation im Markt (Werbung/Marketing),
- die Kundenorientierung und
- den Service beziehungsweise die Serviceorientierung der Mitarbeiter.

Checken Sie für Sie interessante Unternehmen hinsichtlich dieser Merkmale durch.

Tipp: Googeln Sie »Deutsches Kundenbarometer« !

Das »Deutsche Kundenbarometer« wurde 1992 auf Initiative der Deutschen Marketing Vereinigung e. V. ins Leben gerufen und führt jährlich Untersuchungen zu den Themen Kundenzufriedenheit und Kundenbindung durch. Etwa 50 Branchen werden untersucht und es finden circa 25.000 telefonische und persönliche Interviews statt. Wenn Sie ein wenig Glück haben, finden Sie »Ihr« Unternehmen auf einem guten Platz im Ranking und können im Gespräch darauf eingehen.

»Was fällt Ihnen zu unseren Produkten ein?«

Wer sich bei IKEA oder Zalando bewirbt, hat es bei dieser Frage leicht. Bewerber bei einer Schraubenfabrik oder einem Hersteller von Mottentod tun sich schwerer. Mit der Antwort »Ihre Produkte finde ich toll!« oder »Mit den Produkten kann ich mich gut identifizieren!« kommt man allerdings nirgendwo durch.

Der ganze Aufwand, sich damit zu befassen, erscheint Ihnen zu hoch? Bedenken Sie, dass es im Vorstellungsinterview um die Goldmedaille geht – Silber ist wertlos. Und da sollten Sie keinen einzigen Punkt durch eine ungenügende Vorbereitung verschenken. Finden Sie also vorab Antworten auf einige der folgenden Fragen:

- Wie sieht die gesamte Produktpalette aus? Ist sie eher breit oder nur wenig aufgefächert?
- Gibt es Traditionsprodukte?
- Welche Produkte sind besonders modern oder innovativ?

- Wo mögen die Wettbewerbsvorteile liegen? Preis? Qualität? Image? Kundenbindung? Marktführerschaft? Innovationskraft?
- Wie austauschbar oder verwechselbar sind die Produkte?
- Gibt es eine Unique Selling Proposition (USP) – also ein Alleinstellungsmerkmal –, und worin besteht es?
- Wie werden die Produkte beworben und wie sieht der Marktauftritt aus?
- Welche persönlichen Erfahrungen haben Sie gegebenenfalls mit den Produkten gemacht?

»Was wissen Sie über unsere Mitbewerber?«

Gesucht werden in der Regel Mitarbeiter, die sich durch die Liebe zum Detail auszeichnen, dabei aber nicht den Überblick verlieren – also immer auch das Big Picture vor Augen haben. Früher sprach man vom Blick über den Tellerrand und darum geht es bei dieser Frage. Wer sich nur mit dem Unternehmen befasst, bei dem er sich bewirbt, wird zu kurz springen.

Wenn Sie sich beispielsweise bei einem Unternehmen der Lebensmittelindustrie bewerben, sollten Sie sich einen Überblick über die Mitbewerber in der Food-Branche verschaffen. Es wäre gut, auch die größten Lebensmittel-Discounter zu kennen und über aktuelle Entwicklungen – zum Beispiel Zukäufe und Fusionen – informiert zu sein. Wer als Bewerber in dieser Branche vom Deal zwischen Edeka und Kaiser's Tengelmann nichts mitbekommen hat, wird als Kandidat nicht wirklich ernst genommen werden.

! **Wichtig: Was Sie über die Mitbewerber wissen sollten**

- Wer ist Marktführer im Umsatz?
- Wer ist Qualitätsführer?
- Wer ist besonders hochpreisig?
- Wer ist nur national und wer auch international aufgestellt?
- Wer ist spezialisierter Nischenanbieter?
- Wer ist besonders innovativ in der Produktentwicklung?
- Wer ist wie erfolgreich im Online-Handel aufgestellt?

Dank Internet stellt es heute ja kein Problem mehr dar, die entsprechenden Daten zusammenzutragen. Wenn Sie sich dafür ein wenig Zeit nehmen, werden Sie sicher auf interessante Fakten stoßen, die Sie im Vorstellungsgespräch nutzen können.

»Was wissen Sie über die Geschichte unseres Hauses?«

Die Identität und Unverwechselbarkeit eines Unternehmens sind in erheblichem Maß durch seine Geschichte bestimmt. Man kann davon ausgehen, dass die meisten Firmen auf ihre Vergangenheit stolz sind, und deshalb entsprechende Kenntnisse Punkte bringen.

!

Beispiel: Mit einem Pflaster fing alles an

Im Jahr 1880 ließ sich der brandenburgische Paul C. Beiersdorf in Hamburg nieder und übernahm eine Apotheke in der Mühlenstraße. Mit seinen physikalischen Kenntnissen und Fähigkeiten baute er ein Laboratorium auf und bot Ärzten seine Dienste an. Bahnbrechend für die weitere Entwicklung war ein Verfahren zur Herstellung von medizinischen Pflastern, für das er sein erstes Patent anmeldete. Das Datum der Patentschrift, der 28. März 1882, gilt zugleich als Gründungsdatum der Firma ...

Sie haben es bemerkt – dies könnte der Ausschnitt eines Vorstellungsgesprächs bei Beiersdorf sein und der Interessent hat seine Sache gut gemacht. Wenn Sie sich genauso vorteilhaft präsentieren wollen, beschaffen Sie sich vorab aussagekräftige Informationen über das Unternehmen. Dabei helfen Ihnen die folgenden Fragen:

- Von wem wurde das Unternehmen wann gegründet?
- Was waren die Produkte der Pionierphase?
- Welche Produkte kamen später hinzu?
- Wie entwickelte sich das Unternehmen?
- Gab es wichtige Übernahmen, Fusionen und/oder Veränderungen auf der Eigentümerseite?
- Gab es in der Firmengeschichte besondere Ereignisse wie spektakuläre Innovationen, Erfolge oder auch Rückschläge?
- Wer sind die wichtigsten Unternehmerpersönlichkeiten?

»Wie finden Sie unseren werblichen Auftritt?«

Der Gesprächspartner will mit dieser Frage herausfinden, ob der Bewerber von den werblichen Aktivitäten und der werblichen Optik des Unternehmens überhaupt etwas mitbekommen hat. Und natürlich, ob er in diesem Zusammenhang zu einer Stellungnahme in der Lage ist. Mit Äußerungen wie »Finde ich gut!« oder »Überzeugend!« ist man nicht aus dem Schneider. Stellen Sie sich bei der Vorbereitung die folgenden Fragen:

- Welches sind die bevorzugten Werbeträger und Werbemittel (Anzeigen, Plakate, Funk und Fernsehen, Kino, Prospekte, Internet, Direkt-Mail) des Unternehmens?
- Wie sind die Firmenprospekte aufgemacht?
- Wie ist der Eingangs- und Empfangsbereich des Unternehmens gestaltet?
- Bei Ladengeschäften: Wie sieht die werbliche Optik der Einrichtung und Warenpräsentation aus? Wie sind die Mitarbeiter gekleidet? Wie ist die Ausschilderung der Warengruppen? Wie ist die Beleuchtung?
- Wie ist das Corporate Design (Briefpapier, Logo etc.) beziehungsweise gibt es das überhaupt?
- Gibt es einen Slogan oder Claim, mit dem eine Mission oder Vision kommuniziert wird? Beispiele wurden bereits genannt.
- Welche Farben werden bevorzugt? Gibt es eine Hausfarbe oder eine Produktfarbe wie beispielsweise Blau bei Nivea?

! **Tipp: Sprechen Sie den Werbeauftritt von sich aus an**

Natürlich kann es passieren, dass Sie sich auf eine Frage bestens vorbereitet haben, und dann wird die gar nicht gestellt. In solchen Fällen können Sie nach dem Motto »Was ich noch sagen wollte« selbst die Sprache auf den werblichen Auftritt des Unternehmens bringen.

6.2 Typische Fragen zum Bildungsweg

Mit Fragen, die in diesen Themenbereich fallen, möchte ein Personalverantwortlicher feststellen, ob jemand auf dem Weg zum Ziel die Gerade als kürzeste Verbindung zwischen zwei Punkten gewählt hat oder ob er Umwege gegangen oder vielleicht in einer Sackgasse gelandet ist. Wer in seinem Lebenslauf nicht gleich die Kurve gekriegt hat, sollte sich allerdings nicht verunsichern lassen und bedenken, dass auch nicht alle Personaler den geraden Weg gegangen sind und diesen manchmal auch gar nicht favorisieren. Umwege erhöhen die Ortskenntnis! Wer eingeladen wurde, muss sich zunächst keine Sorgen wegen eines eher krummen Bildungswegs machen – aber er kann sich alles durch einen unglücklichen Umgang damit verderben.

»Warum haben Sie sich seinerzeit für diese Ausbildung entschieden?«

Für alle, die bereits Berufserfahrung nachzuweisen haben, reicht hier oft ein Satz als Antwort. Prüfen Sie, was zu Ihnen und zur angestrebten Aufgabe passt:

- »Ich habe den Rat meiner Eltern befolgt.«
- »Wir sind in der dritten Generation Bäcker.«
- »Ich war der Überzeugung, dass ich handwerklich arbeiten müsste.«
- Für deutsche Bewerberinnen: »Mich haben Informationen auf dem ›Girls' Day‹ überzeugt.«
- »Ein Freund hat mir die Ausbildung empfohlen.«
- »Ich war in der Schule in Mathematik gut.«
- »Ich möchte mit Menschen zusammenarbeiten, weil ich kontaktfreudig und kommunikativ bin.«

Gar nicht gut ist es, die Frage mit einem »keine Ahnung« zu quittieren.

»Warum haben Sie nicht studiert?«

Bei der Beantwortung dieser Frage kann man schnell auf dünnes Eis geraten. Es gibt Bewerber, die die Überakademisierung der Gesellschaft beklagen und ein Studium für reine Zeitverschwendung halten. Wenn der Interviewpartner ein Studium erfolgreich absolviert hat, macht man sich mit derartigen Einlassungen — auch wenn sie vielleicht teilweise berechtigt sind — unbeliebt. So können Sie sinngemäß antworten:

- »Nach der Schule wollte ich auf jeden Fall sofort praktisch arbeiten und habe mich deshalb für eine Ausbildung entschieden. Ein Studium hatte ich mir als Option zwar noch offengehalten, aber dann hat mir mein Beruf so viel Spaß gemacht — und ich denke, ich werde auch so einen guten Weg machen.«
- »Ich habe lange darüber nachgedacht, welches Studienfach wohl zu mir passen könnte — bin aber nicht fündig geworden. Und irgendein Verlegenheitsfach wollte ich auch nicht wählen. Und dann hat mir ein Bekannter begeistert von seiner Ausbildung zum Schifffahrtskaufmann erzählt. Daraufhin habe ich mir gedacht: Ja, das ist es! Wie es bei mir weiterging, haben Sie ja meinem Lebenslauf entnommen.«

Erzählen Sie nichts von überfüllten Hörsälen oder Geldmangel in der Familie. Dies gilt natürlich nicht für jene, deren Heimatland wenig in Bildung und das Bildungssystem investiert.

»Warum haben Sie sich ausgerechnet für dieses Studium entschieden?«

Der Interviewpartner möchte von seinem Gegenüber wissen, wie es sich in schwierigen Entscheidungssituationen verhält, denn die sind ja auch im Berufsalltag immer wieder zu bewältigen. Indirekt geht es um diese Fragen:

- Hat sich der Bewerber bei der Suche nach dem Studienfach eher von persönlichen Neigungen leiten lassen oder gaben die vermuteten Berufschancen den Ausschlag?
- Inwiefern war der elterliche Einfluss ausschlaggebend?
- Wurde das Studienfach gewählt, weil es gerade in Mode war?
- Spielte der Numerus clausus eine Rolle?
- Hat jemand sein Traumfach nur deshalb nicht studiert, weil er dann den Wohnort hätte wechseln müssen?
- Welche Informationsquellen hat der Kandidat genutzt, um zu einer Entscheidung zu kommen?

Es gibt Abiturienten, die ein bestimmtes Fach nur deshalb studieren, weil es strengen Zugangsbeschränkungen unterliegt und sie den nötigen Notendurchschnitt dafür vorweisen können. Tenor: Du wärst doch dumm, bei deiner Abiturnote nicht Medizin oder Psychologie zu studieren. In Hamburg beispielsweise liegt der Numerus clausus (Note, die man für den Zugang zu einem Studienplatz nachweisen muss) in Medizin bei 1,0. Da mag sich mancher Schulabgänger mit einer solchen Note verführt fühlen, ein Studium zu absolvieren, das vielen verwehrt ist. Ein gutes Motiv für die Berufswahl ist das nicht.

»Was empfiehlt Sie als Geisteswissenschaftler für eine Aufgabe in der Wirtschaft?«

In der deutschsprachigen Denktradition zählen zu den Geisteswissenschaften mehr als 40 Einzelwissenschaften und Disziplinen. Dabei wird die geisteswissenschaftliche Methode zum Erkenntnisgewinn, etwa in Philosophie und Geschichte, streng von der naturwissenschaftlichen Methode wie in Mathematik, Physik und Chemie unterschieden. Ein typischer Vorwurf an die Geisteswissenschaftler lautet, dass deren Methoden und Erkenntnisse für die Unternehmenspraxis wenig brauchbar seien. Hier hat allerdings ein Umdenken stattgefunden.

Wer diese Frage zu hören bekommt, kann davon ausgehen, dass der Gesprächspartner gute Gründe hat, für bestimmte Aufgaben auch Absolventen eines geisteswissenschaftlichen Studiums in Erwägung zu ziehen. Wer dafür in eigener Sache keine einleuchtenden Argumente vorbringen kann, verringert seine Chancen auf den Job. Man muss sich nun einmal seiner Stärken bewusst sein, um diese im Arbeitsleben nutzen und entwickeln zu können.

!

Beispiel: Bewerbung als PR-Assistentin

»Was empfiehlt Sie als Geisteswissenschaftlerin für diese Aufgabe?«

»Natürlich habe ich mir überlegt, was ich für die Bewältigung der Aufgabe als PR-Assistentin mitbringe. Ich denke, dass erfolgreiche PR-Kampagnen nicht nur vom Produktwissen und von Marketingkenntnissen abhängen, sondern auch von der Fähigkeit, komplexe Fragestellungen auf den Punkt zu formulieren, konzeptionell-strategisch zu denken, zielgruppengerecht zu kommunizieren und Projekte und auch sich selbst vernünftig zu organisieren.

Das alles kann man in einem geisteswissenschaftlichen Studium bei entsprechendem Engagement lernen und das könnte ich hier einbringen. Außerdem habe ich im Rahmen meiner Abschlussarbeit interessante empirische Zielgruppenanalysen durchgeführt. Und natürlich würde ich mir das nötige Wissen über Produkte und Marketinginstrumente schleunigst aneignen. Ich habe gelernt, wie man lernt.«

Zum Schluss noch eine Hintergrundinformation für Geisteswissenschaftler. In den 1950er und 1960er Jahren wurden Führungspositionen in deutschen Unternehmen vorrangig mit Juristen besetzt. Dann entdeckte man den »homo oeconomicus« und die Betriebswirte machten das Rennen, wenn es um Managementpositionen ging. Einstweilen hat sich herumgesprochen, dass es den »homo oeconomicus« gar nicht gibt, sondern dass Menschen kommen, wenn man Arbeitskräfte ruft. Mehr noch: Im Zeitalter der digitalen Revolution rückt der Mensch ins Zentrum der Wertschöpfungskette. Der Mitarbeiter als Persönlichkeit, in der »humanes Kapital« wie Bildung, Wissen und Fertigkeiten mit sozialer Kompetenz verschmelzen – das ist die Zukunft in einer sich immer schneller verändernden Wirtschaftswelt. Geisteswissenschaftler können hier zu einem gesunden Mix in Hochleistungsteams beitragen.

!

Hinweis: Argumente für Geisteswissenschaftler

- Empathie für »humanes Kapital«: Da Mehrwert immer weniger aus Rohstoffen, Energie und herkömmlicher Arbeit entsteht, müssen Mitarbeiter auf neue Weise betrachtet werden. »Wer als einziges Instrument einen Hammer hat, neigt dazu, alles wie einen Nagel zu behandeln«, warnte einst der Motivationspsychologe Abraham Maslow. Wer Mitarbeiter allein durch die betriebswirtschaftliche Brille sieht, kann der Realität nicht gerecht werden.
- Eine eher ganzheitliche Betrachtung von Strukturen und Prozessen: Genau hier gibt es in vielen Betrieben erhebliche Defizite, denn Mitarbeiter und Führungskräfte sind vorrangig immer noch auf Organisationseinheiten und Aufgaben fixiert (»Kästchendenken«).
- Beherrschung von Komplexität: Wer zum Beispiel während seines Studiums des Fachs Geschichte gelernt hat, Ereignisse sowohl in ihren Neben-, Fern- als auch Wechselwirkungen zu betrachten, der könnte diese Fähigkeit auch auf ein komplexes Wirtschaftsgefüge übertragen.
- Der Faktor Kultur bestimmt zunehmend den Geschäftsverlauf: Immer mehr Firmen müssen sich mit fremden Kulturen auseinandersetzen, wenn sie zukunftsfähig bleiben wollen. Interkulturelle Kompetenz ist eine Schlüsselqualifikation, die an Bedeutung gewinnt und mit der sich Geisteswissenschaftler empfehlen können.
- Unternehmenskultur gestalten: Diese Aufgabe ist aus betrüblichen Gründen heute hochaktuell und durchaus eine Herausforderung für Geisteswissenschaftler.

»Wo möchten Sie beruflich in fünf Jahren stehen?«

Unternehmen suchen Mitarbeiter, die zunächst einmal zu einer Aufgabe passen – für Karrieristen sind keine Planstellen vorgesehen. Sehr wohl gibt es bisweilen aber Platz für Nachwuchskräfte, die eines Tages über ihre Aufgabe hinauswachsen und mehr Verantwortung übernehmen können und wollen. Die Frage nach den persönlichen Entwicklungswünschen kann in zwei Richtungen zielen:

- Das Unternehmen möchte die fragliche Position sehr gerne langfristig besetzen, das heißt, man möchte nach drei Jahren nicht wieder vor einem Personalproblem stehen. Und dies wäre bei einem Bewerber sicher der Fall, der die besprochene Position nur als Sprungbrett für den nächsten Karriereschritt sieht.
- Die zu besetzende Position eignet sich sehr gut für die Entwicklung beziehungsweise Rekrutierung von Führungskräften. Wer hier keine Ambitionen andeutet, kommt als Bewerber kaum infrage.

!

Tipp: »Was kann ich tun?«

Alfred Herrhausen, der 1989 von der RAF ermordete Sprecher der Deutschen Bank, hat zu diesem Thema einmal einen bemerkenswerten Rat gegeben: »Konzentrieren Sie sich als Berufseinsteiger nicht so sehr auf die Frage: Was kann ich werden?, sondern auf die Frage: Was kann ich tun? Wer sich mit aller Kraft um das kümmert, was hier und heute zu leisten ist, braucht sich um seine berufliche Entwicklung keine großen Gedanken zu machen.«

In diesem Sinne könnte man etwa so antworten: »Wo ich in fünf Jahren stehen möchte? Wissen Sie, für mich ist erst einmal die Frage entscheidend, was ich hier tun kann — und weniger, was ich hier einmal werden kann.« Wenn dann hinsichtlich längerfristiger Entwicklungswünsche vom Gegenüber nachgefasst wird, kann man bezüglich der persönlichen Zukunftspläne deutlicher werden, zum Beispiel so:

- »Ich sehe mich einmal an einer verantwortlichen Stabsstelle.«
- »Ich sehe meine Zukunft im anspruchsvollen Projektmanagement.«
- »Ich würde gern einmal Personalverantwortung übernehmen.«
- »Mein Ziel wäre ein Auslandseinsatz.«
- »Mittelfristig könnte ich mir eine Aufgabe im Außendienst vorstellen.«

Die kecke Antwort, man sähe sich in fünf Jahren auf dem Stuhl seines Gesprächspartners, beeindruckt einstweilen niemanden mehr.

6.3 Fragen nach Misserfolgen im Lebenslauf

Viele Bewerber gehen mit der Sorge ins Vorstellungsinterview, dass sie Unebenheiten im Lebenslauf wie Beschäftigungslücken, schlechte Noten, einen Studienabbruch oder eine missglückte Probezeit nicht hinreichend erklären können oder dass ihnen die Begründung nicht geglaubt wird. Sie warten dann geradezu auf die peinliche Befragung und bescheren sich damit einen hohen Adrenalinspiegel. Auch von Expatriates und anderen Zuwanderern aus Ländern, in denen beispielsweise Arbeitszeugnisse unüblich sind, möchte man natürlich den Werdegang möglichst lückenlos in Erfahrung bringen.

! **Tipp: Handeln Sie proaktiv**

Wer agiert, ist in einer besseren psychologischen Position als jemand, der reagieren muss. Warten Sie also nicht ab, bis das prekäre Thema angesprochen wird, sondern tun Sie es bei passender Gelegenheit selbst — am besten, wenn Sie gebeten werden, Ihren Werdegang noch einmal zu rekapitulieren.

Beispiel: »Sie haben meinen Unterlagen sicher entnommen, dass ich in der letzten Firma nur sechs Monate war. Ich habe die Aufgabe falsch eingeschätzt — sie passte gar nicht zu meinen Vorstellungen — und daher habe ich die Reißleine gezogen und mich einvernehmlich getrennt. Das passiert mir aber nicht noch einmal.«

Oder: »Wie Sie gesehen haben, war ich relativ lange an der Uni. Zum Studienbeginn war ich etwas orientierungslos, das hat Zeit gekostet. Und später habe ich eine Menge Energien in studienbegleitende und außeruniversitäre Aktivitäten investiert. Das war mir wichtig und ich konnte so schon einige interessante Erfahrungen sammeln.«

Auch dieser Hinweis könnte passen: »Ich weiß, welche Angaben eine Bewerbung in Deutschland enthalten sollte. Leider fehlen mir aus persönlichen Gründen einige Dokumente, ich habe sie nie erhalten.«

Bei den als unbequem empfundenen Fragen geht es meist um die kleinen oder größeren Kalamitäten im Lebenslauf, die mancher als Makel empfindet und deshalb als seelische Last mit sich herumschleppt. Das muss nicht sein. Lesen Sie hier das Bekenntnis von jemandem, der als Erfolgsmensch gilt: »Niemand ist so oft an einem Achttausender gescheitert wie ich. Und nur diese Niederlagen haben mir zuletzt den Erfolg gebracht. Ich habe dreißig Expeditionen unternommen, um alle vierzehn Achttausender zu besteigen. Zwölfmal bin ich gescheitert, achtzehnmal bin ich zum Gipfel gekommen. Wenn ich bei den vierzehn Achttausendern am Ende Erfolg hatte, dann auch deshalb, weil ich öfter als alle anderen wieder angefangen habe, wenn ich gescheitert war.«

Das Bekenntnis stammt von Reinhold Messner, dem legendären Bergsteiger und Abenteurer aus Südtirol in Italien. Wenn Ihr Lebenslauf ebenfalls Niederlagen aufweist, gibt es keinen Grund, gebeugt in ein Vorstellungsgespräch zu gehen. Sie müssen allerdings in der Lage sein, das Gute am Schlechten zu benennen. Hier ist der Volksmund bekanntlich ein guter Ratgeber der Psychologie, wenn er davon spricht, dass man sein »Lehrgeld bezahlt hat«. Und oftmals sind es durchlebte Krisen, Misserfolge, Niederlagen und traumatische Erfahrungen, die das Potenzial zur Veränderung in sich tragen und einen Neubeginn als Schritt in ein besseres Leben überhaupt erst ermöglichen.

Der perfekte Lebenslauf ist nicht unbedingt das, was Personalverantwortliche erwarten. Erfahrene Personalbeschaffer wissen, dass ein Prädikatsexamen nach einer kurzen Studiendauer keineswegs den zukünftigen Berufserfolg garantiert. Und deshalb kann man trotz einiger Unebenheiten im Werdegang zu einem Vorstellungsgespräch eingeladen werden. Allerdings darf man bei bestimmten Fragen keine Schwächen im Umgang mit Schwächen zeigen.

»Entsprechen Ihre Zeugnisse Ihrem Leistungsvermögen?«

Diese Frage ist natürlich unerfreulich, wenn man bescheidene Noten vorzuweisen hat. Der Fragende möchte wissen, ob und wie Sie zu den Defiziten im Werdegang stehen und wie Sie diese begründen.

Beispiel: Eine abschreckende Antwort !

»Entsprechen Ihre Zeugnisse Ihrem tatsächlichen Leistungsvermögen?«

»Na ja, wer ist schon mit jeder einzelnen Note zufrieden. Manchmal erwischt man bei Prüfungen ja auch einen schlechten Tag und bei manchen Fächern sind die Beurteilungskriterien auch recht verschwommen. Und im Fach Finanzwirtschaft fühle ich mich ungerecht beurteilt – der Professor mochte mich ganz einfach nicht.«

Der Bewerber flüchtet sich in Gemeinplätze. Außerdem wird nichts von Vorgesetzten mehr gehasst, als Schuldzuweisungen an Dritte. Wer sich bereits als Bewerber hinsichtlich seiner schlechten Ergebnisse herauszureden versucht, nährt die Befürchtung, dass er im Job ebenso verfahren wird.

! **Beispiel: Eine geradlinige Reaktion**

»Entsprechen Ihre Zeugnisse Ihrem tatsächlichen Leistungsvermögen?«

»Ich weiß, mit meinen Noten kann ich nicht beeindrucken. Ich hätte da durchaus noch zulegen können. Das ärgert mich jetzt natürlich, denn ich denke schon, dass ich deutlich mehr kann, als meine Zeugnisse belegen. Vor allem in der Schulzeit bestand mein Problem manchmal darin, dass ich nicht so recht eingesehen habe, was ich warum lernen sollte. Das hat meine Leistungsfreude nicht gerade beflügelt. Leider. Aber inzwischen ist bei mir der Knoten geplatzt.«

Die Frage nach Misserfolgen kann sich auch auf Arbeitszeugnisse aus früheren Beschäftigungsverhältnissen beziehen. Hier kann man natürlich nur verstehen, was gemeint ist, wenn man Arbeitszeugnisse richtig interpretiert. Manche Bewerber geben sich da ahnungslos.

! **Beispiel: Hier hat der Bewerber gut pariert**

»Entsprechen Ihre Zeugnisse Ihrem tatsächlichen Leistungsvermögen?«

»Sie sprechen vermutlich mein vorletztes Arbeitszeugnis an. Ich bin aus der damaligen Firma ja bereits nach gut einem Jahr wieder ausgeschieden, weil ich mit meinem Vorgesetzten nicht klarkam. Es gab häufig Missverständnisse und offenbar hatte er Erwartungen, die ich nicht hundertprozentig erfüllen konnte. Ich wollte am Ende auch keinen Streit mehr und habe die Formulierung ›zu unserer vollen Zufriedenheit‹ im Arbeitszeugnis akzeptiert.«

Der Bewerber weiß, dass sich eine uneingeschränkt gute Beurteilung in Formulierungen wie »stets zu unserer vollen Zufriedenheit« oder »stets zu unserer vollsten Zufriedenheit« zeigt. Grämen Sie sich nicht, wenn Sie die letztere Formulierung nicht vorweisen können. Es gibt Personaler, die sich weigern, Derartiges in ein Zeugnis zu schreiben. Wenn ein Glas voll ist, geht nicht mehr hinein.

»Warum haben Sie Ihr Studium abgebrochen?«

Im Studienjahr 2016/2017 haben in Deutschland über 500.000 Frauen und Männer hoffnungsfroh ein Studium begonnen. Und dann schieben nicht wenige Frust. Bei den Studienanfängern in einem Bachelorstudium liegt der Anteil vom vorzeitigen Studienende über alle Hochschularten und Fächer bei 28 Prozent. Das heißt: 28 von 100 Studienanfängern brechen ihr Studium ab.

Das ist ein unguter Zustand, auch wenn sich manche Studienabbrecher in bester Gesellschaft wähnen. Der TV-Star Günther Jauch gehört ebenso zu dieser Personengruppe wie der Unternehmer Erich Sixt und Superprominente wie Steven Spielberg und Madonna. Dennoch sei darauf hingewiesen, dass nur aus den wenigsten Studienabbrechern am Ende Millionäre wurden und werden.

Erfreulich ist das alles also nicht, aber es gibt ja oft auch etwas Gutes am Schlechten. Festzustellen ist, dass Studienabbrecher heute nicht mehr als verkrachte Existenz gelten, sondern dass sich für sie einstweilen ein spezifischer Arbeitsmarkt entwickelt hat. Das Plus lässt sich auf den folgenden Nenner bringen: Diese Menschen haben sich auf ihrem Werdegang verlaufen, den Mut gehabt, die Richtung zu korrigieren, und dann meist einen zweiten Bildungsweg eingeschlagen. Derartige Profile passen besonders gut zu diversen Aufgaben, in denen ein Mitarbeiter durch »trial and error« vorankommt.

Das soll als mentale Einstimmung auf die Frage nach den Gründen für den Studienabbruch erst einmal reichen. Doch was kann man als Bewerber konkret antworten?

Beispiel: Wie man einen Studienabbruch begründen kann !

Auch hier gilt der Grundsatz, nicht andere oder die Umstände vorzuschieben. Wer den Willen hat und intellektuell nicht ganz minderbemittelt ist, kann heutzutage ein Studium durchziehen. Und so gibt es hier nicht viel zu tricksen und zu beschönigen, sondern es gilt, ein offenes Bekenntnis abzulegen: »Ja, ich habe eine Fehlentscheidung bei der Wahl meines Studienfachs getroffen und dies korrigiert. Und darüber bin ich jetzt sehr froh, denn ich habe inzwischen meinen Weg gefunden. Im Übrigen habe ich während meines Studiums durchaus auch das eine oder andere gelernt.«

»Ich stelle für bestimmte Aufgaben nur Leute ein, die mal vom Pferd gefallen sind«, bekannte einmal Jürgen Heraeus, ehemals Aufsichtsratsvorsitzender des gleichnamigen Technologiekonzerns. Und er fügte hinzu: »Stolpern fördert!« Deshalb frage er im Bewerbungsgespräch immer auch nach der größten Niederlage. »Denn Misserfolge«, so Heraeus, »bringen einen weiter.« Dem ist nichts hinzuzufügen.

»Warum wollen Sie sich nach knapp einem Jahr schon wieder verändern?«

In den 1990er Jahren wurde der Begriff »Mobbing« erfolgreich in Deutschland eingeführt. Der Siegeszug dieses Wortes hängt damit zusammen, dass man sich dieses Phänomen zunutze machen kann, denn es teilt die Arbeitswelt in gute und böse Kollegen auf. Auf der einen Seite gibt es einen bedauernswerten Menschen, der »gemobbt« wird, auf der anderen Seite fiese

Kollegen und Vorgesetzte. Früher gab es im deutschen Sprachraum keinen Begriff, mit dem man sich exkulpieren konnte, wenn man in der Firma häufig Zoff hatte. Im Vorstellungsgespräch hört sich das heute häufig so an: »Offen gesagt – man veranstaltet ein übles Mobbing gegen mich. Und das will ich mir nicht länger antun.«

! **Achtung: Diese Gründe überzeugen nicht**

Betrachten Sie die folgenden Antworten als ungeeignet, wenn es um die Frage nach dem schnellen Wechsel geht:

- »Man hat mir bei der Einstellung alles Mögliche versprochen.«
- »Ich habe keine Entscheidungsfreiräume.«
- »Ich sehe keine berufliche Perspektive.«
- »Die Fahrt zwischen Wohnung und Arbeitsplatz ist zu lang.«
- »Ich kann die Geschäftspolitik nicht verantworten.«

Personaler kennen die folgenden Gründe für einen vorzeitigen Wechsel:

- Der Bewerber hat die neue Aufgabe falsch eingeschätzt und fühlt sich unter- oder überfordert.
- Der Bewerber hat das soziale Umfeld falsch eingeschätzt. Er kommt mit den Kollegen oder seinem Vorgesetzten nicht klar.
- Der Bewerber hat die Arbeitsbedingungen und besonderen Erschwernisse wie häufige Reisen und Abwesenheitszeiten unterschätzt.
- Der Bewerber ahnt beziehungsweise weiß, dass er seine Zukunft im Unternehmen längst verspielt hat.

! **Beispiel: Diese Begründung ist akzeptabel**

»Warum wollen Sie das Unternehmen denn nach knapp einem Jahr schon wieder verlassen?«

»Ich musste zunehmend feststellen, dass ich mich leider für die falsche Aufgabe entschieden habe. Am Anfang schien alles zu stimmen – vor allem kam und komme ich mit den Kollegen ausgezeichnet zurecht und mit meinem Vorgesetzten stimmt die Chemie auch. Aber ich sitze beruflich einfach im falschen Zug und möchte deshalb keine weitere Zeit mehr verlieren und umsteigen. Ich habe mich bei meiner Entscheidung damals zu sehr von den Umfeldbedingungen beeinflussen lassen und zu wenig nach den Inhalten gefragt. Das passiert mir nicht noch einmal.«

»Warum wurden Sie nach der Probezeit nicht übernommen?«

Eine Kündigung kann durch betriebliche Maßnahmen notwendig werden oder durch das Verhalten des Mitarbeiters selbst verschuldet sein. Letzteres interessiert den Interviewer natürlich ganz besonders. Ist die Aufgabe innerhalb der Probezeit aufgrund einer nicht vorhersehbaren Restrukturierung weggefallen oder wurde der Mitarbeiter wegen Leistungs- oder Verhaltensdefiziten beizeiten verabschiedet?

Beispiel: Eine unbefriedigende Antwort !

»Warum wurden Sie nach der Probezeit nicht übernommen?«

»Ich habe mit meinem Vorgesetzten ein ausführliches Gespräch geführt und wir sind uns einig geworden, dass es für mich eine meinen Ambitionen entsprechende Perspektive nicht gibt. Ich wollte unter diesen Bedingungen dann auch nicht mehr bleiben, denn was hat ein Betrieb von einem Mitarbeiter, der seine Zukunft langfristig ja doch woanders sieht. Wir haben uns dann im besten Einvernehmen getrennt.«

Das hört sich zwar ganz gut an, überzeugt aber nicht. Nach drei oder sechs Monaten kann die Frage nach den Entwicklungsmöglichkeiten noch nicht gestellt werden. Erst einmal muss gearbeitet und Leistung gezeigt werden. Im Übrigen ist die Einlassung des Bewerbers, dass er sich dem Betrieb nicht zumuten könne, weil er ja doch schon auf dem Sprung sei, unglaubwürdig. So viele Sorgen muss sich ein Neuer um seinen Arbeitgeber sicher nicht machen.

Beispiel: Diese Antwort ist glaubwürdig !

»Warum wurden Sie nach der Probezeit nicht übernommen?«

»Den wahren Grund habe ich möglicherweise nicht erfahren — aber ich glaube, dass mein Chef sich einfach einen anderen Assistenten vorgestellt hat und dass ihm dies in der Probezeit immer deutlicher geworden ist. Als Assistent arbeitet man ja mit seinem Vorgesetzten sehr eng zusammen — oft geht das weit in den Abend hinein — und da haben wir uns wohl in den Vorstellungsinterviews falsch eingeschätzt. Ein Konfliktpunkt ist mir allerdings schon bewusst. Ich muss sehr viele Protokolle auf Sitzungen und Meetings schreiben und da ist er mit mir eigentlich nie so recht zufrieden. Die Aufgabe liegt mir aber zugegebenermaßen auch nicht. Ich finde es natürlich schade, dass die Sache ein Flop wurde, aber nun schaue ich nach vorn.«

Personalexperten kennen folgende Gründe für ein Ausscheiden während der Probezeit:

- Arbeitsverweigerung,
- grobe Beleidigung,
- mehrfach zu spät gekommen,
- Büromaterial »zweckentfremdet«,
- mehrfach trotz Verbot am Arbeitsplatz geraucht,
- Persönlichkeit des neuen Mitarbeiters falsch eingeschätzt,
- Leistungsverhalten falsch eingeschätzt,
- Überforderung durch die Aufgabe,
- Teamfähigkeit falsch eingeschätzt,
- unrealistische Vorstellungen eines Mitarbeiters von der Aufgabe und/oder vom Unternehmen (Betriebsklima),
- die Charaktere von Mitarbeiter und Vorgesetztem sind nicht kompatibel,
- der Mitarbeiter hat während der Probezeit ein interessantes Angebot von einer anderen Firma erhalten.

In der Probezeit kann der Arbeitgeber ohne Angabe von Gründen kündigen. Als Betroffener ist man aber gut beraten, Ursachenforschung zu betreiben, um zu vermeiden, dass die gleichen Fehler noch einmal vorkommen.

»Warum haben Sie gekündigt, ohne einen neuen Job zu haben?«

Wer kündigt, ohne dass der neue Job in trockenen Tüchern ist, schafft Erklärungsbedarf. Normalerweise versucht man ja, sich aus einem ungekündigten Arbeitsverhältnis heraus zu verändern. Kein Wunder, dass ein Personaler hier die eine oder andere Unebenheit im Verhalten eines Bewerbers wittert. Er möchte daher nachvollziehbare Argumente hören. Immerhin gibt es Menschen, die unter Druck zu Kurzschlussreaktionen neigen, und das ist bei bestimmten Aufgaben gar nicht zu gebrauchen.

! **Beispiel: Eine untaugliche Begründung**

»Warum haben Sie gekündigt, ohne einen neuen Job zu haben?«

»Das ist leicht zu erklären. Ich kann es Ihnen ja sagen: Ich war ständig Opfer von Intrigen und das wollte ich mir nicht länger antun. Im Grunde war mein Gehalt nichts anderes als Schmerzensgeld. Und mein Vorgesetzter hat mich im Regen stehen lassen. Es gab von seiner Seite keinerlei Rückendeckung. Natürlich hätte ich mich wehren können, aber ich wollte auch niemanden anschwärzen. So habe ich mir gesagt, jetzt musst du die Reißleine ziehen, sonst gehst du seelisch vor die Hunde. Und das habe ich getan.«

Dieser Ton von Klage und Anklage kommt nicht gut an.

! **Beispiel: Vorbildlich!**

»Warum haben Sie gekündigt, ohne einen neuen Job zu haben?«

»Zunächst ging alles ganz gut. Aber dann kam eine Reorganisation und Neuverteilung der Aufgaben und das Ergebnis ging völlig an meinen Neigungen und auch an meinem Leistungsprofil vorbei. Da trotz diverser Gespräche keine Änderung möglich war, habe ich von mir aus die Konsequenzen gezogen. Natürlich hätte ich mich arrangieren können — aber es war mir allemal anzusehen, dass mir das alles überhaupt nicht schmeckte. Ich wollte dann lieber einen klaren Schnitt, habe meine Nachfolgerin noch eingearbeitet und bin gegangen. Das Ganze ist kein Ruhmesblatt in meinem Werdegang, aber es liegt in meiner Natur, nach vorn zu schauen. Ich weiß, was ich kann.«

»Warum suchen Sie eigentlich schon so lange nach einer Anstellung?«

Insbesondere Hochschulabsolventen wundern sich, wie schnell nach dem Examen die Zeit verrinnt. Aber das Gleiche gilt für jene, die einen lukrativen Aufhebungsvertrag geschlossen haben und die Suche nach einer neuen Aufgabe erst einmal ruhig angehen. Und dann muss man eines unguten Tages in einem Vorstellungsgespräch erklären, warum man in dieser großen Zeitspanne noch keine neue Arbeitsstelle gefunden hat. Manche Bewerber kommen nach einer zu langen Unterbrechung nicht einmal so weit, sondern sie erhalten gleich eine Absage. Wer zu lange erfolglos am Markt ist, ist oft raus aus dem Markt.

Beispiel: Damit kommen Absolventen durch !

»Warum suchen Sie eigentlich schon so lange nach einer Anstellung?«

»Nach dem Examen war ich — wie Sie in meinen Unterlagen gelesen haben — über die Organisation ›Work and Travel‹ mehrere Monate in Australien. Ich habe da tolle Erfahrungen sammeln können. Nach meiner Rückkehr musste ich leider feststellen, dass die Jobsuche gar nicht so einfach ist, wie ich zunächst gedacht hatte. Schließlich will ich ja nicht nur irgendwo unterkommen, sondern ich suche eine Aufgabe, die meinen Neigungen und meinen Fähigkeiten entspricht. Ja, und dann ist mir die Zeit einfach davongelaufen.«

Wer nach Beendigung des letzten Arbeitsverhältnisses überdurchschnittlich lange auf der Suche ist, sollte diesen Umstand möglichst von sich aus ansprechen: »Wie Sie meinen Unterlagen entnommen haben, suche ich ja nicht erst seit gestern nach einer angemessenen Aufgabe.« Es ist besser, in die Offensive zu gehen, als später auf eine prekäre Frage nur noch reagieren zu können. Dieser Tipp gilt — wie an anderer Stelle bereits angesprochen — auch für andere Defizite.

Beispiel: Akzeptable Argumentation eines Wiedereinsteigers !

»Warum suchen Sie eigentlich schon so lange nach einer Anstellung?«

»Na ja, einige Mal war ich wohl bis kurz vor Schluss im Rennen und manchmal stimmten auch die Konditionen nicht. Ich suche ja nicht irgendeinen Job. Ich lasse mich von den Umständen nicht unter Druck setzen — dann trifft man doch nur eine falsche Entscheidung.«

»Warum haben Sie so häufig gewechselt?«

Das Urteil »Jobhopper« ist nicht schmeichelhaft und reduziert die Chancen, zu einem Gespräch eingeladen zu werden. Eine Ausnahme stellt hier aber vor allem die Gastronomie- und Hotelleriebranche dar. Wer trotz dieser Umstände eine Einladung zum Vorstellungsinterview erhalten hat, dürfte in Hinblick auf den ausgeschriebenen Job recht interessant sein — muss aber den häufigen Stellenwechsel begründen können. Schließlich möchte kein Arbeitgeber, dass ihm der Neuzugang nach einer aufwendigen Einarbeitungszeit gleich wieder abhandenkommt.

! **Beispiel: Was man in der Praxis oft zu hören bekommt**

»Warum haben Sie so häufig gewechselt?«

»Na ja, das ist ja relativ. Einmal wurde mir aus betrieblichen Gründen gekündigt. Die acht Monate in dem Vertriebsjob – da wurde der gesamte Vertrieb reorganisiert und wer zuletzt kam, musste zuerst gehen. Einmal war ich immerhin fast ein Jahr in der Firma. Die hatten mir nach der Probezeit etwas in Aussicht gestellt und wollten dann nichts mehr davon wissen. Ich wollte mich nicht länger hinhalten lassen. Ach ja – und dann ist da noch der kurze Job nach meiner Ausbildung. Ich wurde immer noch wie ein Lehrling behandelt und da habe ich den Betrieb recht bald verlassen.«

Die erste Begründung – Reorganisation – ist völlig in Ordnung und lässt sich meist anhand des Zeugnisses überprüfen. Grundsätzlich riskant sind aber Formulierungen wie »Die haben mir etwas versprochen!«, denn damit wirft man seinem früheren Arbeitgeber nichts Geringeres als Wortbruch vor. Und zur Einlassung »Die haben mich wie einen Lehrling behandelt!« ist anzumerken, dass dazu immer zwei gehören – einer, der es an Wertschätzung fehlen lässt, und einer, der sich keinen Respekt zu verschaffen vermag.

Für alle, die öfter gewechselt haben, gibt es einstweilen aber gute Gründe, dies nicht zwangsläufig als Makel zu empfinden. Die Zeiten haben sich geändert. Einst wurde Betriebstreue mehr oder weniger üppig honoriert. 25 Jahre dabei? Dafür gab es goldene Füllfederhalter, Sonderprämien und zusätzliche Urlaubstage. Wer sich heute nach 15-jähriger Betriebszugehörigkeit verändern möchte oder muss, hat dagegen häufig ein Problem. Die Mutmaßungen und Einwände lauten:

- Betrieblich einseitig geprägt!
- Immobil und unflexibel!
- Kommt garantiert ständig mit Sprüchen wie »In meinem alten Betrieb haben wir das aber soundso gemacht!«
- Findet sich in der neuen Unternehmenskultur nicht zurecht!

Ein rechtzeitiger Unternehmenswechsel wird heutzutage anders gewertet und kann – als Teil der Berufsplanung – den eigenen Marktwert erhöhen.

! **Beispiel: So lassen sich häufige Wechsel gut begründen**

»Warum haben Sie so häufig gewechselt?«

»Mir ist klar, dass dies in meinem Werdegang eine Schwachstelle ist. Meinen ersten Job nach der Ausbildung habe ich recht früh sausen lassen, weil mir jemand ein vermeintlich unwiderstehliches Angebot gemacht hat. Im Nachhinein stellte sich dann heraus, dass ich mit Zitronen gehandelt hatte. Ich war schlicht zu blauäugig. Ja, und zweimal hätte ich wahrscheinlich einfach durchhalten müssen. Heute ist mir das völlig klar. Mir hat es zu Beginn meines Berufslebens wohl an Beharrlichkeit gefehlt. Heute weiß ich, dass diese Eigenschaft ein wichtiger Erfolgsfaktor ist.«

»Was sind Ihre besonderen Schwächen?«

Vor dieser Frage fürchten sich viele sehr, manche Bewerber empfinden sie als Eingriff in die Intimsphäre und damit ungebührlich. Dabei geht es doch nur um die alte psychologische Erkenntnis, dass Schwächen, die einem Menschen bewusst sind, ihm nicht mehr sehr schaden können. Das größte Risiko geht bekanntlich jemand ein, der sich und seine Möglichkeiten überschätzt.

Tipp: Machen Sie keinen Seelenstriptease !

Es wird von einem Bewerber nicht erwartet, dass er sich einer Schwäche bezichtigt, die ihn sofort um den Job bringen würde. Wer einen Seelenstriptease hinlegt, ist naiv und aus dem Rennen.

Hier zur Abschreckung einige unglückliche Antworten, die sich manche Bewerber zurechtlegen:

- »Mein Problem ist, dass mir die Dinge manchmal nicht schnell genug gehen und dann werde ich ungeduldig.« Der weniger rücksichtsvolle Personaler kontert jetzt: »Aha, Sie sind also nicht belastbar.«
- »Ich glaube, ich bin oft zu gutmütig.« Die wahrscheinliche Interpretation des Personalers: »Ist von der Wertschätzung anderer abhängig. Als Führungskraft also ungeeignet, denn da muss man das Zeug dazu haben, sich auch einmal unbeliebt zu machen.«
- »Ich neige manchmal zu Perfektionismus.« Perfektionisten werden im Cockpit und am OP-Tisch gebraucht. In den meisten anderen Tätigkeitsbereichen bringen sie ihre Arbeit nie zu Ende.
- »Ich glaube, meine Schwächen können andere besser beurteilen. In eigener Sache ist man doch befangen.« Die wahrscheinliche Interpretation des Personalers: »Drückeberger!«
- Es gibt immer noch Bewerber, die mit Einlassungen wie »Ich nasche gern!« die Frage nach den persönlichen Schwächen glauben beantworten zu können. Thema verfehlt – ungenügend!

Die Frage nach den Schwächen steht in Zusammenhang mit dem bisherigen Werdegang. Als Personaler freut man sich über jeden Bewerber, der hier Problembewusstsein zeigt. Schauen Sie sich bitte einige gute Beispiele an.

Beispiel: Wie Absolventen oder Berufsanfänger antworten können !

»Was sind Ihre besonderen Schwächen?«

»Man hört ja immer wieder vom Praxisschock. Ich habe davor keine Angst, aber gewiss fehlt mir das eine oder andere anwendungsbezogene Wissen. Ein akademisches Seminar hat vermutlich nicht immer etwas mit der betrieblichen Wirklichkeit zu tun. Ich werde also in der Praxis viel lernen müssen. Andererseits habe ich im Studium gelernt, mir die nötigen Kenntnisse und Informationen zu beschaffen.«

Der Bewerber hat eine Schwäche angesprochen, die für Berufseinsteiger – insbesondere für Hochschulabsolventen – normal und daher verzeihbar ist.

! **Beispiel: Wie Umsteiger oder Aufsteiger antworten können**

»Was sind Ihre besonderen Schwächen?«

»Mich ärgert es maßlos, wenn Kolleginnen und Kollegen ihr Wissen lieber für sich behalten – nach der Devise: Ich mach den Neuen doch nicht schlau. Nachher nimmt der mir noch meinen Job weg. Wenn alle vom Wissen des Einzelnen profitieren könnten, ginge vieles schneller und es würden weniger Fehler gemacht. Wie gesagt – wenn ich so etwas mitbekomme, verliere ich schon mal meine Selbstkontrolle und könnte ausrasten. Ich muss da wohl noch diplomatischer werden.«

Wenn Siemens wüsste, was Siemens weiß! Knowledge-Management ist vor allem für größere Unternehmen ein Problem. Da sitzen irgendwo Leute mit wertvollem Insiderwissen und behalten es für sich. Der Bewerber hat hier ein Problem vieler Betriebe angesprochen und auch noch aus einer persönlichen Schwäche eine Stärke gemacht. Passen Sie aber auf, dass Sie keine Schwäche einräumen, die sich mit der zu vergebenden Aufgabe gar nicht verträgt.

! **Beispiel: Bewerber mit langer Betriebszugehörigkeit**

»Was sind Ihre besonderen Schwächen?«

»Ich weiß, dass ich durch meine langjährige Verweildauer in einem Unternehmen geprägt bin. Ich werde also gut aufpassen müssen, dass ich nicht alles mit früher vergleiche, sondern für Neues und Veränderungen aufgeschlossen bleibe. Aber genau das reizt mich ja an einer neuen Aufgabe in Ihrem Betrieb.«

Der Bewerber spricht einen der Hauptgründe an, warum ältere Wechselwillige problematisch gesehen werden. Wer diese zum Teil ja nicht ganz unberechtigten Vorbehalte benennt, hat sie bereits halbwegs entkräftet.

! **Beispiel: Wie Expatriates antworten könnten**

»Was sind Ihre besonderen Schwächen?«

»Ich weiß – mein Deutsch ist noch nicht so, wie es sein sollte. Aber das kriege ich noch hin. Ich nutze jede Gelegenheit, um besser zu werden.«

Oder: »Ich bin von einer anderen Kultur geprägt und werde mich da wohl umstellen müssen. Es gibt ja auch so etwas wie eine Unternehmenskultur, die ich erst einmal kennenlernen muss. Ist Kritik riskant oder erwünscht? Was versteht man unter Teamwork? Wie geht man mit Fehlern um? Wie hält man es mit der Anrede? Du oder Sie?«

Problembewusstsein ist die Voraussetzung dafür, dass es später keine Probleme gibt.

6.4 Fragen nach Soft Skills

Unter Personalberatern kursiert die folgende Formel des beruflichen Scheiterns: »Hired by ability – fired by personality.« Aufgrund von fachlichen Fähigkeiten wird man eingestellt und aufgrund der Persönlichkeit fliegt man wieder raus. Schon der Philosoph, Naturwissenschaftler und Spötter aus Göttingen Georg Christoph Lichtenberg merkte an: »Wer nur Chemie kann, kann auch die nicht richtig.«

Wer nur etwas über seinen Beruf weiß, weiß wenig über seinen Beruf. In diesem Sinne hat der amerikanische Motivationsforscher Abraham Maslow vor den Folgen einseitiger Spezialisierung beziehungsweise einer vorrangig auf Fachkenntnisse fokussierten Personalauswahl gewarnt. Das gilt auch für Piloten, wie das tragische Ereignis in den französischen Alpen im Jahr 2015 gezeigt hat. Der Kamikaze-Pilot hat sein fliegerisches Können benutzt, um 149 ihm anvertraute Passagiere zu töten. Fachwissen ist also nicht die einzige Voraussetzung, um einen guten Beitrag zum Unternehmenserfolg leisten zu können. Bei VW gab es exzellente Fachleute, die durch die subtile Manipulation von Abgaswerten bei Dieselmotoren den Abverkauf in den USA enorm steigerten. Die Folgen sind bekannt.

Und natürlich gilt das auch für die Management- und Führungsprozesse im Unternehmen. Wenn jemand nur ein Instrument kennt und dieses in allen Lebenslagen einsetzt, kann das nicht gutgehen. Und genau hier liegen die Chancen für all diejenigen, die noch nicht über die gewünschten Fachkompetenzen verfügen, aber das Zeug dazu haben, sich diese anzueignen. Etwa weil sie über Soft Skills wie Zielstrebigkeit, Lernfähigkeit, Lernbereitschaft und Durchhaltevermögen verfügen. Im Zweifelsfall kann dies wichtiger als vorzeigbares Fachwissen sein. Für alle Expatriates ist dies eine gute Nachricht, die durch viele erfolgreiche berufliche Entwicklungen und Karrieren belegt ist.

Aber: Es reicht bekanntlich nicht aus, gut zu sein – der potenzielle zukünftige Arbeitgeber muss es auch bemerken. Fachkompetenzen lassen sich durch Zeugnisse und Zertifikate belegen. Dagegen können Sie fachübergreifende Kompetenzen zwar für sich beanspruchen – der entscheidende Beweis über deren tatsächliches Vorhandensein lässt sich aber erst später erbringen. Um dennoch einen Eindruck von den Fähigkeiten des potenziellen neuen Mitarbeiters zu gewinnen, werden im Vorstellungsinterview Fragen gestellt, die sich auf die sogenannten Schlüsselqualifikationen beziehen. Und da sollte man wenigstens wissen, worum es geht, und dies auch zeigen, indem man einen Bezug zur Arbeitswelt herstellt.

! **Tipp: Soft Skills im Interview**

Setzen Sie sich vor dem Vorstellungsgespräch noch einmal gründlich mit der Aufgabenbeschreibung und dem Anforderungsprofil des Stellenangebots auseinander. Welche Soft Skills sind relevant und wie kann man diese durch Beispiele aus dem eigenen Lebenslauf belegen? Darauf kann man sich vorbereiten. Sehen Sie vor allem auch noch einmal nach, auf welche Soft Skills Sie in Ihrem Anschreiben eingegangen sind. Nicht dass Sie im Interview etwas anderes erzählen als im Anschreiben.

An dieser Stelle folgen einige Fragen zu den Soft Skills, die typischerweise im Vorstellungsinterview vorkommen.

»Können Sie zielorientiert arbeiten?«

Ziele sind Leuchtfeuer für das Handeln. Deshalb ist die Formulierung und manchmal auch Umformulierung von Zielen unerlässlich, wenn man sich nicht in einem ineffizienten Aktionismus verschleißen will. Ziele verhindern, dass wir uns verzetteln, und helfen uns, die vorhandenen Energien sinnvoll einzusetzen.

Um Ziele ausarbeiten zu können, ist zunächst begriffliche Klarheit nötig. Meist besteht ein Ziel darin, dass man einen wünschenswerten Zustand anstrebt – man spricht in diesem Fall von einem positiven Ziel, zum Beispiel: »Ich steigere die Zahl meiner Besuchstermine.«

Bei einem negativen Ziel geht es dagegen darum, einen vorhandenen Mangelzustand zu beseitigen – man will, dass sich etwas verändert. Beispiel: »Ich möchte weniger Reklamationen haben.« Negative Ziele sind Vermeidungsziele, sie bringen einen mental in die Defensive und sind außerdem wenig geeignet, dem eigenen Handeln eine Richtung zu geben. Reklamationen zeigen nur, dass etwas nicht rundläuft. Dies wäre ein positives Ziel: »Ich will aus meinen Kunden Weiterempfehler machen!«

Derartige Unterscheidungen mögen akademisch klingen, sind aber wichtig, denn falsche Begriffe behindern richtiges Denken. Dies gilt auch für die Unterscheidung zwischen globalen und spezifischen Zielen. Beim Schachspiel besteht das globale Ziel darin, den gegnerischen König mattzusetzen. Da es sehr viele Matt-Situationen gibt, bleibt die Zielvorgabe recht unbestimmt. Folglich sind spezifische Ziele zu formulieren, um eine Grundlage für das Planen und Verhalten zu haben. In der Praxis wären dies Zwischenziele, die die globale Zielerreichung wahrscheinlich machen. Beispiel: »Ich verbessere mein Telefonverhalten, indem ich mich von einem Profi coachen lasse.« Dies können Zwischenziele auf dem Weg zu dem Umsatz »Etat plus fünf Prozent« sein. Letzteres wäre dann das Globalziel.

Beispiel: Soft Skill Zielorientierung !

»Können Sie zielorientiert arbeiten?«

»Ich habe gelernt, dass man immer vom Ende her denken muss. Wo will ich hin? Was möchte ich erreichen? Und da die Dinge sich nicht immer so entwickeln, wie man es gern hätte, habe ich oft noch einen Plan B.«

»Wie strukturieren Sie Ihren Arbeitstag?«

Bei dieser Frage geht es im Grunde darum, wie man mit der begrenzten Ressource Zeit zurechtkommt beziehungsweise ob man Prioritäten setzen kann. Das Interessante ist ja, dass die Zeit ein völlig gerecht verteiltes Gut ist. Der Tag hat für jeden 24 Stunden. Aber was machen Menschen aus der ihnen gewährten Zeit? Da gibt es große Unterschiede und dafür interessiert sich jeder Personalbeschaffer.

Hinweis: Zeitmanagement – oder das Eisenhower-Prinzip !

Nehmen wir als Ausgangspunkt den Autofahrer, der sich wegen eines Zeitvorteils von zehn Minuten den Hals bricht. Die posthume Frage lautet: War die Sache wichtig und dringlich? Die richtige Antwort auf diese grundsätzliche Frage des Zeitmanagements ist zuweilen existenzentscheidend. Die Kenntnis und das Beherzigen des Eisenhower-Prinzips (Dwight D. Eisenhower war der 34. US-amerikanische Präsident) hätte unserem unglücklichen Autofahrer eventuell das vorzeitige Ableben erspart und könnte viele Manager vor Burnout und Schlimmerem schützen.

Was hat es mit dem Eisenhower-Prinzip auf sich? Wie bereits angedeutet, sollte man Aufgaben nach zwei Kriterien bewerten und sortieren:

- Wichtig oder unwichtig?
- Eilig oder nicht eilig?

Wer mit dieser Fragestellung an seine Arbeit herangeht, kann die anstehenden Aufgaben in vier Typen unterteilen:

- Aufgaben, die wichtig und eilig sind,
- Aufgaben, die wichtig, aber nicht eilig sind,
- Aufgaben, die weniger wichtig, aber eilig sind, und
- Aufgaben, die weniger wichtig und nicht eilig sind.

Eisenhower ist mit diesen Gruppen folgendermaßen umgegangen:

- wichtig und eilig: sofort anpacken,
- wichtig, aber nicht eilig: in die Zeitplanung aufnehmen,
- weniger wichtig und eilig: delegieren,
- unwichtig und nicht eilig: Papierkorb.

Das Eisenhower-Prinzip ist eine praktikable Grundlage für erfolgreiches und strukturiertes Entscheiden und Handeln.

Daraus lässt sich eine gute Antwort auf die hier besprochene Frage nach der Fähigkeit zur Selbststrukturierung entwickeln.

»Wie belastbar sind Sie?«

»Belastbarkeit« ist aus guten Gründen ein Lieblingsbegriff der Texter von Stellenangeboten. Er bedeutet, dass

- »nine to five« im Job nicht reicht und man auf überdurchschnittlich hohe physische und psychische Energiereserven zurückgreifen können muss.
- man einen langen Atem haben sollte, weil sich bei vielen Aufgaben nicht sofort die gewünschten Erfolge einstellen werden.
- Frust und Misserfolge auszuhalten sind und sich nicht gleich negativ auf die Leistungsmoral auswirken dürfen.
- man mit beruflichen Unsicherheiten leben kann.

Der Persönlichkeitsfaktor Belastbarkeit gibt auch Auskunft über das Verhalten in Stresssituationen. Macht jemand unter Zeitdruck viele Flüchtigkeitsfehler, verliert er den Überblick, behandelt er Kunden unwirsch oder gar abweisend? Es geht also letztlich darum, wie jemand reagiert, wenn sich auf dem Weg zum Ziel Hindernisse auftürmen. Im Extremfall gibt es jene, die resignieren, und andere, die sich von Hindernissen positiv herausgefordert fühlen und mit einem »Jetzt gerade!« reagieren.

Man muss kein Freund von Dieter Bohlen sein, jenem deutschen Schlagersänger, der mit Musik sowie Fernsehauftritten sehr erfolgreich war und ist, aber sein Buchtitel »Nur die Harten kommen in den Garten« trifft durchaus den Kern. Wer über eine niedrige Frustrationstoleranz verfügt, sollte sich zum Beispiel auf akquisitorische oder verkäuferische Aufgaben im Interesse der eigenen seelischen Gesundheit gar nicht erst einlassen.

! **Beispiel: Eine überzeugende Antwort**

»Wie belastbar sind Sie?«

»Ich habe berufsbegleitend studiert, das hieß freitagabends habe ich von 18.00 Uhr bis 21.00 Uhr im Hörsaal gesessen und am Samstagmorgen ging es ab 8.30 Uhr weiter. Und das mit zwei kleinen Kindern zu Hause. Wie Sie sehen, habe ich die Sache auch noch mit einem guten Abschluss durchgezogen.«

»Arbeiten Sie lieber allein oder im Team?«

»Sorgen machen mir weiche Anforderungen wie Teamfähigkeit«, sagte einmal Erwin Staudt in seiner Eigenschaft als IBM-Deutschland-Chef, »die viele unserer hochtalentierten Bewerber ... nicht mitbringen.« Diese Klage ist nach wie vor aktuell. Manche Bewerber scheitern, weil sie den Verdacht erregen, dass sie ihren angemessenen Platz in einem vorhandenen Arbeitsteam nicht finden werden. In der Organisations- und Arbeitspsychologie gilt der schon erwähnte Grundsatz: Man kann ein Team schwächen, indem man es personell verstärkt. Wenn der Neuzugang nicht teamfähig ist, hat das

Team jede Menge mit Reibereien und Konflikten zu tun, worunter nicht nur der Teamgeist leidet, sondern am Ende auch das Ergebnis.

Beispiel: Diese Antwort ist riskant !

»Arbeiten Sie lieber allein oder im Team?«

»Ich arbeite am liebsten im Team. Da bekommt man die besten Ideen und man kann sich gegenseitig motivieren. Alle großen Leistungen sind im Grunde ja Teamleistungen. Das ist wie im Mannschaftssport ...«

Diese Antwort ist riskant. Sie ist riskant, wenn der Job vor allem den Einzelkämpfer fordert, und sie ist nicht ohne Risiko, wenn der Gesprächspartner von Teamarbeit herzlich wenig hält.

Beispiel: Mit dieser Antwort ist man auf der sicheren Seite !

»Arbeiten Sie lieber allein oder im Team?«

»Ich denke, dass ich ein guter Teamplayer bin. Ich habe übrigens viel Mannschaftssport betrieben. Da kann man nur erfolgreich sein, wenn man seinen angemessenen Platz im Team findet. Aber jeder Einzelne muss auch mit seinen Aufgaben klarkommen, wenn er auf sich allein gestellt ist. Man kann nicht immer nach dem Team rufen. Ich arbeite gern mit anderen zusammen, aber viele Vorgänge muss man allein abarbeiten.«

Wenn es um die Frage Individualist oder Teamplayer geht, helfen diese Anregungen weiter:

- Bekennen Sie sich zum Teamprinzip, wenn das tatsächlich Ihrer Auffassung entspricht. Andersfalls suchen Sie sich eine Aufgabe, die den Einzelkämpfer fordert. Wer lieber für sich allein arbeitet, ist nicht automatisch abartig veranlagt. Es gibt allerdings kaum Jobs, in denen nicht ein Mindestmaß an Kooperationsbereitschaft und -fähigkeit verlangt wird.
- Outen Sie sich nicht als bekennender Teamplayer, ohne zu wissen, was dies konkret bedeutet. Hier die amerikanische Übersetzung für das Wort »Team«: together everybody achieves more.
- Teamwork heißt nicht, Ferien vom Ich zu nehmen. Im Team ist das persönliche Mitdenkertum unverzichtbar. Und man muss im Zweifelsfall in der Lage sein, die Kolleginnen und Kollegen gegen den Strich zu bürsten. So mancher Schaden wäre in der letzten Zeit renommierten Unternehmen erspart geblieben, wenn sich Mitarbeiter gegen den Teamgeist gestellt hätten. Etwa: »Bei den Manipulationen von Abgaswerten an Dieselmotoren mache ich nicht mit.«
- Kehren Sie nicht den »Gutmenschen« heraus. Unternehmen müssen Geld verdienen, um ihre Existenz und die damit verbundenen Arbeitsplätze zu sichern. Hier ist Ihr Beitrag als späterer Mitarbeiter gefordert und unter

diesem Gesichtspunkt sollten Sie das Qualifikationsmerkmal »Teamfähigkeit« angehen. Wer meint, er müsse sich für die Firma oder die Kollegen aufopfern, hat etwas falsch verstanden und wird am Ende dafür einen hohen Preis zahlen.

- Zum Schluss streichen Sie bitte noch den folgenden Satz aus Ihrem Kopf: »Die Aufgabe interessiert mich, weil ich Freude am Umgang mit Menschen habe.« Sigmund Freud soll einmal gegenüber einem jungen Mann, der unbedingt anderen Menschen helfen wollte, den Verdacht geäußert haben, dass er ja wohl ein Sadist sein müsse.

»Können Sie sich durchsetzen?«

Bei der Frage nach der Durchsetzungsfähigkeit haben insbesondere Nachwuchskräfte Probleme, weil sie sich keine Ellenbogenmentalität nachsagen lassen möchten. Das Schlagwort »Ellenbogengesellschaft« wurde im Jahr 1982 in Deutschland zum Wort des Jahres gewählt. Es ist abgeleitet von dem beobachtbaren Phänomen, dass manche Menschen – etwas bei sportlichen Wettbewerben oder beim Anstehen in einer Schlange – ihre Ellenbogen benutzen, um sich einen Vorteil zu verschaffen. In diesem Sinne wird auch von einer abzulehnenden Ellenbogenmentalität gesprochen, die auf Egoismus und Rücksichtslosigkeit basiert. Und dann wird man im Vorstellungsinterview gefragt, ob man sich durchsetzen könne? Was sagt man da? Eine erste Orientierung gibt der folgende Grundsatz: Es reicht nicht aus, das Richtige zu wissen – man muss es im Arbeitsleben manchmal auch durchsetzen können. Und zwar im Interesse aller Beteiligten oder Betroffenen.

! **Beispiel: Eine gute Antwort**

»Können Sie sich durchsetzen?«

»Das hängt ganz davon ab, worum es geht. Es gibt Situationen, in denen gebe ich schnell nach, weil mir die Sache nicht wichtig ist und ich dann anderen ein Erfolgserlebnis gönne. Wenn mir etwas persönlich wichtig erscheint, versuche ich hingegen meine Kontrahenten mit Argumenten zu gewinnen. Ich glaube, wenn es darauf ankommt, kann ich schon recht beharrlich meine Ziele verfolgen. Im Zweifelsfall kann ich für meinen Standpunkt kämpfen.«

»Wo konnten Sie Ihre Kreativität bisher unter Beweis stellen?«

Mit dem Begriff »Kreativität« wird in Deutschland besonders häufig hantiert, aber mit dem Wort hat man eben noch nicht die Sache. Wenn man die Zahl der Nobelpreise als Maßstab nehmen mag, ist Deutschland in Sachen Kreativität arg zurückgefallen. Wir müssen uns angesichts der Globalisierung und des damit verbundenen steigenden Wettbewerbsdrucks also etwas einfallen lassen. Wie entsteht Kreativität?

- Methodismus überwinden! Der Erfolgskiller Nummer eins besteht in der Neigung, stur an einer Methode festzuhalten, die einem früher immer den Erfolg beschert hat. In den USA heißt Kreativität recht treffend »out of the box thinking«. Es geht darum, den Käfig der Gewohnheiten zu verlassen. Eine gute Methode ist hier das Brainstorming.
- Die Perspektive wechseln! Antoine de Saint-Exupéry hat bereits darauf hingewiesen: »Um klar zu sehen, genügt oft ein Wechsel der Blickrichtung.« Deshalb ist es ja sinnvoll, im Team zu arbeiten, denn da kommen meist Menschen mit verschiedenen Sichtweisen zusammen.
- Den Gesamtzusammenhang sehen! Die Schlüsselfrage lautet: Was hängt womit zusammen? Wer das Big Picture nicht sieht, bleibt in seinem Denken beschränkt.

Beispiel: So lässt sich Kreativität belegen !

»Wo konnten Sie Ihre Kreativität bisher unter Beweis stellen?«

»Ich war bei unserer Schülerzeitung drei Jahre für die Gestaltung der Titelseite verantwortlich. Und während meiner Ausbildung habe ich zwei Veranstaltungen mit konzipiert, in denen wir unsere Leistungen – also die der Azubis – sozusagen der innerbetrieblichen Öffentlichkeit präsentiert haben. Ich habe unter anderem die Powerpoint-Präsentation grafisch gestaltet. Wir haben uns da schon so einiges einfallen lassen und das ist auch gut angekommen.«

»Wie flexibel sind Sie?«

Flexibilität ist ein »Wiesel-Wort«, denn es taucht überall auf, lässt sich aber schwer fassen. Wer beispielsweise im Job-Portal monster.de das Suchwort »Flexibilität« eingibt, erhält mehr als 1.000 Job-Angebote. Flexibilität ist also als Persönlichkeitsmerkmal gefragt. Aber was heißt das konkret? Es geht um die Fähigkeit, sich auf neue Situationen und Anforderungen mental und intellektuell erfolgreich einstellen zu können. Damit wird klar, dass diese Eigenschaft in einer sich ständig verändernden Welt unverzichtbar ist – und das gilt ganz besonders für Expatriates und Migranten, die sich in einem neuen Arbeitsumfeld zurechtfinden müssen. Wie kann man sich flexible Menschen vorstellen?

- Sie gewinnen rasch ihr seelisches Gleichgewicht wieder, nachdem Erwartungen erschüttert wurden.
- Sie behalten einen hohen Produktivitätsgrad auch in unsicheren, mehrdeutigen Situationen bei.
- Sie bleiben physisch und emotional gesund, wenn sie mit Unsicherheiten zu kämpfen haben.
- Sie vermeiden Verhaltensweisen, die den Erfolg von Projekten oder Veränderungsprozessen beeinträchtigen könnten.
- Sie gehen aus den durch die Veränderungen hervorgerufenen Anforderungen gestärkt hervor.

Flexibilität heißt freilich nicht, jedem Trend oder dem sogenannten Zeitgeist hinterherzulaufen, sondern zukunftsfähig zu bleiben. Das ist die wichtigste Herausforderung unserer Zeit, in der nichts beständiger ist als der Wandel. Wir erleben es permanent: Das Internet zerstört über Jahrzehnte erfolgreiche Geschäftsmodelle und es ermöglicht viele neue. Wer erfolgreich sein möchte, muss also auf der Höhe der Zeit bleiben – und dazu flexibel sein.

»Wie konfliktfähig sind Sie?«

Das Soft Skill Konfliktfähigkeit ist aktuell besonders gefragt und es schließt nahtlos an die als selbstverständlich vorausgesetzte, aber häufig falsch verstandene Teamfähigkeit an. Was wird denn von Frau Christine Hohmann-Dennhardt, die als Vorstand für das bei VW neu eingerichtete Ressort Recht und Integrität verantwortlich ist, erwartet? Aus und vorbei mit Friede, Freude, Eierkuchen – wenn sie erfolgreich sein will. Wer gegen Regeln verstößt, muss auf einmal damit rechnen, zur Rechenschaft gezogen zu werden, obwohl doch viele Regelverstöße früher selbstverständlich waren.

Konfliktfähigkeit braucht aber auch jeder, der als Debitorenbuchalter, Mitarbeiter im Reklamationsmanagement, Einkäufer und Verkäufer tätig ist. Und Führungskräfte, die Konflikten aus dem Weg gehen, haben ihre Zukunft bald hinter sich. Konflikte gehören nun einmal zu den Grundbedingungen des Lebens – sie sind die Voraussetzung für Entwicklung und Fortschritt, können aber auch Ressourcen vernichten, wenn sie nicht reguliert werden. In diesem Sinne sollten harmoniebedürftige Frauen und Männer keinen Führungsjob anstreben.

! **Beispiel: Eine passende Antwort**

»Wie konfliktfähig sind Sie?«

»Zu einem Konflikt kommt es ja häufig, wenn Menschen offen ihre Wünsche, Interessen und Ideen äußern und diese mit denen anderer kollidieren. Aber das hat einen Vorteil – jeder weiß, woran er ist. Meine Devise lautet, dass Konflikte die Menschheit sehr oft nach vorn gebracht haben – wenn sie vernünftig geregelt wurden. Destruktiv werden Konflikte immer dann, wenn sie nicht rechtzeitig angesprochen oder ignoriert werden. Deshalb ziehe ich es vor, die Dinge anzugehen, auch wenn mit Gegenwind oder Widerspruch zu rechnen ist.«

»Sind Sie ein Generalist oder eher ein Spezialist?«

Ein Spezialist ist einem Bonmot zufolge jemand, der alles über nichts weiß, und ein Generalist ist jemand, der nichts über alles weiß. Wer bei der Antwort in das eine oder andere Extrem geht, kann seine Chancen gefährden. Der erste Schritt zu einer positiv zu bewertenden Antwort besteht darin, die Aufgabe, um die es geht, richtig einzuschätzen.

!

Beispiel: Eine gute Antwort aus der Praxis

»Halten Sie sich eher für einen Generalisten oder für einen Spezialisten?«

»Neben der Wirtschaftsinformatik habe ich zusätzlich im Rahmen eines Austauschprogramms ein Semester Internationales Marketing in Madrid studiert. Für mich war es immer wichtig, meine Kernkompetenz, die Informatik, durch zusätzliche Qualifikationen zu ergänzen. In diesem Sinne bin ich sicher generalistischer aufgestellt als ein reiner Informatiker. Ich halte dies auch für einen Wettbewerbsvorteil.«

Wer Wirtschaftsinformatik studiert, sieht sich beruflich eher in einer Schnittstellenfunktion, dafür ist neben der Fachkompetenz die Fähigkeit erforderlich, bereichsübergreifend zu denken. Deshalb ist der oben zitierte Bewerber mit seiner Antwort auf der sicheren Seite. Auch hier gilt der Grundsatz: Wer nur etwas über seinen Beruf weiß, weiß wenig über seinen Beruf. Natürlich müssen Sie als Debitorenbuchhalter fit in Debitorenbuchhaltung sein. Aber Sie müssen ebenso kunden- und ergebnisorientiert denken und handeln können. Idealerweise sind Sie fachlich und mental so breit aufgestellt, dass Sie im Bedarfsfall zu den Kreditoren oder in die Lohnbuchhaltung wechseln könnten. Flexibilität bestimmt in erheblichem Maß den persönlichen Marktwert. Und das ist zum Beispiel eine fachübergreifende beziehungsweise »generalistische« Qualifikation.

»Können Sie Mitarbeiter führen?«

Wie heißt es im Stellenangebot? »Idealerweise verfügen Sie über erste Führungserfahrung.« Nun geht aber aus Ihren Arbeitszeugnissen hervor, dass Sie niemals in der Personalverantwortung standen und dennoch eingeladen wurden. Was für eine Chance, den Sprung vom Sachbearbeiter zur Führungskraft zu schaffen! Jetzt gilt es zu zeigen, dass Sie eine Vorstellung davon haben, wie es gelingen kann, Mitarbeiterinnen und Mitarbeiter für sich und die zu erreichenden Ziele zu gewinnen.

Zu diesem Thema sind viele Bibliotheken vollgeschrieben worden. Machen Sie sich als Vorbereitung auf diese Frage noch einmal mit den folgenden Führungsgrundsätzen vertraut, die zeitlos sind und in der globalen Welt auch weitgehend kulturunabhängig. Die nun folgenden Empfehlungen beziehen sich allerdings vorrangig auf Deutschland beziehungsweise deutsche Unternehmen.

- Fordern: Eine Führungskraft hat die Aufgabe, Leistung zu fordern und gegebenenfalls nachzuforschen, wieso die vereinbarte Leistung nicht erbracht wurde (und sich dabei selbst als möglicherweise leistungsbehindernden Faktor in Rechnung zu stellen).
- Dialogisch führen: Das heißt, zum Gespräch einzuladen und den anderen zu besuchen, die richtigen Fragen zu stellen, formal auf Gesprächssym-

metrie zu achten und viele Sichtweisen einzubeziehen. Aber irgendwann muss entschieden werden.

- Konsens anstreben: Führungskräfte sollen in diesem Sinne Übereinkünfte herstellen, einschließen statt ausschließen und umsetzen statt durchsetzen. Aber man kann nicht auf den Letzten warten!
- Vertrauen schenken: »Nichts kann einen Menschen mehr stärken als das Vertrauen, das man ihm entgegenbringt.« Dieses Credo von Adolf von Harnack, evangelischer Theologe und Wissenschaftsorganisator in Preußen, ist aktueller denn je. Während bisher das Schaffen einer Vertrauenskultur vorrangig in Sonntagsreden beschworen wurde, scheint man das Thema nun nach Schäden in Milliardenhöhe ernster zu nehmen. Dabei geht es nicht nur um ein Klima, in dem schlechte Nachrichten weitergegeben werden können, ohne mit persönlichen Konsequenzen rechnen zu müssen, sondern auch darum, dass Vertrauen Kontrollkosten reduziert. So hat beispielsweise Microsoft den »Vertrauensarbeitsort« eingeführt – wer will, kann zu Hause am Küchentisch arbeiten. Anwesenheitskontrollen oder Stechuhren sind von gestern. Ehe man sich im Vorstellungsgespräch hier aber zu euphorisch über die neue Arbeitswelt auslässt, muss mit dem Gedanken des Sozialwissenschaftlers Niklas Luhmann gewarnt werden, der sagte, dass Vertrauen eine »riskante Vorleistung« sei. Man darf Vertrauen also nicht mit Naivität verwechseln.
- Demotivation vermeiden: Von Mitarbeitern hört man nicht selten, dass sie von ihrem Chef nicht motiviert werden möchten, denn das könnten sie in eigener Sache viel besser. Es reiche völlig aus, wenn der Vorgesetzte sie nicht demotiviere. Es sind immer dieselben Muster, die den Mitarbeitern den Schwung nehmen: Der Vorgesetzte kann und weiß immer alles besser als die Mitarbeiter, zieht ein Thema in Sekundenschnelle an sich, trifft einsame Entscheidungen, behandelt Mitarbeiter wie Luft und informiert unzureichend, einseitig oder verspätet.

! **Beispiel: Eine gute Antwort**

»Wie würden Sie Ihre künftigen Mitarbeiter führen?«

»Mein Führungsgrundsatz lautet ›Ziehen ist besser als schieben‹. Der stammt aus der Mechanik. Ich würde versuchen, meine Mitarbeiter für die Ziele meines Verantwortungsbereichs zu gewinnen und sie dann mitzuziehen. Und das setzt Überzeugungsarbeit voraus und kostet Zeit – aber nicht investierte Zeit kostet im Nachhinein nur noch mehr Zeit, wenn die Dinge nicht richtig gelaufen sind. Man kann allerdings nicht so lange diskutieren, bis auch der letzte Bedenkenträger bereit ist mitzumachen. Irgendwann muss entschieden werden. Und das ist dann die Aufgabe einer Führungskraft. Ein weiterer wichtiger Grundsatz lautet für mich, Mitarbeiter zu Mitwissern zu machen – also richtig zu informieren. Wer Leistung haben will, muss Sinn vermitteln. Das sind für mich so einige Grundsätze im Führungsprozess.«

»Welche Eigenschaften kennzeichnen den idealen Vorgesetzten?«

Die Flut an Management-Büchern, die sich mit der Frage nach dem idealen Vorgesetzten auseinandersetzen, kann niemand mehr bewältigen. Die bisher »endgültige« Antwort gibt der Management-Experte Fredmund Malik: »Der ideale Manager wäre eine Kreuzung aus Alexander dem Großen, Albert Einstein und Thomas Gottschalk.« Eine Anmerkung für jene, die in den letzten Jahren das deutsche Fernsehprogramm nicht regelmäßig verfolgt haben: Thomas Gottschalk gilt als einer der größten Entertainer in Fernsehshows. Insbesondere bei Führungsnachwuchskräften soll die Frage nach dem idealen Vorgesetzten zeigen, ob jemand in diesem Bereich Pragmatiker oder Idealist ist. Es geht also darum, Realitätssinn und Problembewusstsein zu zeigen.

Tipp: Integrität kommt vor Fachkompetenz !

Angesichts der schwarzen Schafe, die es in der deutschen Wirtschaft nach ganz oben geschafft, aber den Unternehmen und Mitarbeitern schweren Schaden zugefügt haben, sollte sich die Antwort zunächst einmal auf ethische Merkmale wie Integrität und Glaubwürdigkeit beziehen. Man denke nur an den ehemaligen Top-Vorstand Thomas Middelhoff (intern »Big T« genannt), der Karstadt gegen die Wand gefahren hat. Wegen Untreue und Steuerhinterziehung wurde er vom Landgericht Essen zu drei Jahren Gefängnis verurteilt. Bei Middelhoff wurde das »Jesus-Syndrom« diagnostiziert (Kann über Wasser gehen!), entsprechend war er umgeben von Ja-Sagern und Erfüllungsgehilfen. Wie lautete die Aussage seiner Ex-Chefsekretärin vor Gericht? »Seine Entscheidungen habe ich als gottgegeben hingenommen.«

Lesen Sie nun einige Antworten, die man von kompetenten Bewerbern zu hören bekommt:

- »Der ideale Vorgesetzte ist berechenbar. Ich möchte als Mitarbeiter wissen, woran ich bei meinem Chef bin, und als Vorgesetzter sollen meine Mitarbeiter wissen, woran sie bei mir sind. Nur so kann Vertrauen entstehen – eine wichtige Voraussetzung für Identifikation, Leistungsfreude und gute Ergebnisse.«
- »Der ideale Vorgesetzte sagt, was er denkt, und tut, was er sagt.«
- »Der ideale Vorgesetzte denkt und handelt sowohl mitarbeiter- wie auch ergebnisorientiert. Er oder sie ist entscheidungsstark, versucht die Mitarbeiter zu gewinnen und hat keine Angst, wenn unangenehme Entscheidungen anstehen.«
- »Wer von seinen Mitarbeitern Leistung verlangt, muss zunächst Sinn vermitteln. Der ideale Vorgesetzte kann das.«

6.5 Fragen zum Privatleben

Wenn ein Unternehmen Arbeitskräfte ruft, kommen Menschen mit individuellen Biografien und sozialen Bezügen. Zurzeit diskutieren und implementieren Unternehmen Work-Life-Balance-Konzepte, was allerdings nur sinnvoll ist, wenn man etwas über das Privatleben der Mitarbeiter weiß.

»Welchen Stellenwert haben für Sie Familie und Hobbys?«

Man muss nicht hinter jeder Frage eine böse Absicht vermuten, die Aufgabe des Personalers besteht nun mal darin, sich ein ausgewogenes Bild vom Bewerber zu machen. Schließlich wird ja kein Funktionsträger auf zwei Beinen gesucht, der seine persönlichen Wünsche, Hoffnungen und Sorgen beim Pförtner abgibt. Deshalb soll beispielsweise geklärt werden, inwiefern die Familie die beruflichen Ambitionen des Kandidaten unterstützt beziehungsweise wie und wo jemand nach einem harten Arbeitstag Energie tankt. Lesen Sie nun zunächst einen eher unglücklichen Dialog zum Thema.

Personaler: Sie haben in Ihren Unterlagen nichts über Ihre Freizeitaktivitäten geschrieben. Wie schalten Sie denn ab oder wie entspannen Sie sich?

Bewerber: Wissen Sie, da habe ich keine Probleme. Mein Job befriedigt mich ungemein. Je mehr ich um die Ohren habe, umso besser. Was mir auf die Nerven geht, ist Leerlauf.

Personaler: Trotzdem muss ja jeder auch mal neue Energien tanken. Für viele ist da die Familie ein guter Rückhalt.

Bewerber: Nach meiner Erfahrung ist für viele die Familie eher ein Stressfaktor. Man braucht sich nur die Scheidungsraten anzusehen. Ich habe da den Rücken frei und kann mich auf meine Aufgabe konzentrieren.

Nicht jeder Personaler lebt aktuell in Scheidung oder gestaltet sein Leben als Workaholic. Wenn der Interviewer ein Familienmensch ist oder sich leidenschaftlich einer Liebhaberei widmet, stößt man mit solchen Anmerkungen auf wenig Gegenliebe.

!

Beispiel: Das kommt gut an!

»Welchen Stellenwert haben für Sie Familie und Hobbys?«

»Seit ich eine Familie und Kinder habe, habe ich vor allem gelernt, mich besser zu organisieren. Und auch wenn nicht viel Zeit für das Privatleben bleibt – entscheidend ist doch immer, was man aus dieser Zeit macht. Im Übrigen unterstützt mich mein Mann voll und ganz in meinem Job. Und in meiner Freizeit bin ich begeisterte Radfahrerin.«

Und wenn man solo ist? Ein guter Freundeskreis mit gemeinsamen Freizeitaktivitäten kann für die Work-Life-Balance sehr wertvoll sein.

»Wie können Sie ein Kind mit einer Berufstätigkeit verbinden?«

Diese Frage richtet sich nach wie vor zuallererst an alleinerziehende Frauen. Natürlich möchte der zukünftige Arbeitgeber auf die gesamte Arbeitskraft einer neuen Mitarbeiterin setzen können. Und wer als Vorgesetzter seine Fürsorgepflicht ernst nimmt, will auch nicht, dass die Mitarbeiterin und Mutter ständig mit einem schlechten Gewissen herumläuft, weil sie das Gefühl hat, nicht genug für ihr Kind da zu sein. Diesen Umstand schaffen auch nicht Dutzende von Gender-Lehrstühlen an den Hochschulen und alle Gender-Mainstreaming-Debatten aus der Welt. Meistens wird diese Frage gar nicht direkt gestellt, aber sie steht im Raum und man kann sie gegebenenfalls ungefragt beantworten.

Beispiel: Die Betreuung der Kinder proaktiv ansprechen !

»Wie können Sie ein Kind mit einer Berufstätigkeit verbinden?«

»Mein Lebenspartner ist selbstständig und kann sich gut um unser Kind kümmern. Der Kleine geht übrigens schon in den Kindergarten. Und dann sind da noch die Großeltern, die im selben Ort wohnen wie wir. In dem Punkt habe ich den Rücken also frei.«

6.6 Situative Fragen: »Was würden Sie tun, wenn ...?«

In Vorstellungsgesprächen unterscheidet man zwischen biografischen Fragen und situativen Fragen. Situative Fragen sind in der Regel Umwegfragen, die immer dann hilfreich sind, wenn das Frageziel auf direktem Weg nicht angesteuert werden kann. Wenn man beispielsweise herausfinden möchte, ob ein Bewerber Alkoholiker oder loyal ist, macht es wenig Sinn, ihn direkt zu fragen. Meist beginnen situative Fragen mit der harmlosen Einleitung »Was würden Sie tun, wenn ...?«

»Was würden Sie tun, wenn ein Kollege in eine Position befördert wird, auf die Sie sich Chancen ausgerechnet haben?«

Diese Frage zielt darauf ab, wie ein Bewerber mit Enttäuschungen und Niederlagen umgeht. Es gilt folglich zu zeigen, dass man eine gesunde Einstellung zum Wettbewerb hat und dass Fehlschläge zur persönlichen und beruflichen Entwicklung gehören. Hier einige positive Antworten:

- »Ich würde zunächst einmal dem Kollegen gratulieren.«
- »Ich würde meine bisherigen Leistungen und mein Verhalten auf eventuelle Schwachstellen hin überprüfen.«
- »Ich würde mich auf meine Arbeit konzentrieren.«
- »Falls der beförderte Kollege mein neuer Vorgesetzter ist, würde ich mich konstruktiv und loyal verhalten.«

»Was würden Sie tun, wenn Sie in einer wichtigen Fachfrage mit Ihrem Vorgesetzten nicht übereinstimmen?«

Wer über die entsprechende Berufserfahrung verfügt, weiß, dass im Konferenzraum nicht selten anders gesprochen wird als später auf den Korridoren. In manchen Betrieben haben sich längst zwei Kommunikationskanäle etabliert, in denen widersprüchliche Botschaften kursieren: Auf der einen Seite gibt es die offiziellen Verlautbarungen und auf der anderen die hinter vorgehaltener Hand abgegebenen Kommentare und Interpretationen. Für das Klima und für die Unternehmenskultur ist das schlecht.

!

Beispiel: Zwickmühle doppelte Loyalität

Die Geschäftsleitung eines mittelständischen Unternehmens beschließt ein neues Vertriebskonzept, das der Vertriebsleiter erst ablehnt, später aber zähneknirschend akzeptiert. Dann passiert Folgendes: Anlässlich eines Kundenbesuchs erklärt der Vertriebsleiter einem langjährigen Geschäftspartner im Vertrauen, dass er das neue Konzept für Blödsinn halte, es jedoch leider umsetzen müsse. Den nächsten Termin bei diesem Kunden nimmt ein Mitarbeiter des genannten Vertriebsleiters wahr. Er wird mit den Worten begrüßt: »Ihr Chef sagte mir neulich, dass er von der neuen strategischen Ausrichtung Ihres Unternehmens gar nichts hält. Ich übrigens auch nicht. Wie ist denn Ihre Meinung?«

Diese Frage soll hier einmal an die Leserinnen und Leser weitergereicht werden. Was würden Sie sagen?

1. Ich würde mich meinem Chef gegenüber loyal verhalten und dem Kunden sagen, dass ich die negative Meinung meines Vorgesetzten teile.
2. Ich würde mich meinem Unternehmen gegenüber loyal verhalten und sagen, dass ich die neue strategische Ausrichtung unterstütze.
3. Ich würde dem Kunden generell zustimmen, denn von ihm kommen schließlich die Aufträge.
4. Ich würde mich heraushalten und sagen, dass ich dazu nichts sagen könne.
5. Ich würde sagen, dass mein Chef das Recht auf eine private Meinung habe, aber gewiss voll und ganz hinter dem Unternehmen stünde. Und da gelte für mich natürlich ebenso.
6. Ich würde sagen, dass Strategien kommen und gehen.

Haben Sie eine Antwort ausgewählt? Dann lesen Sie bitte, wie Ihre Entscheidung gegebenenfalls gewertet wird:

1. Mit dieser Antwort schlagen Sie sich auf die Seite Ihres Vorgesetzten und verhalten sich Ihrem Betrieb gegenüber illoyal. Natürlich hat Ihr Chef Sie durch sein Fehlverhalten in diese Zwickmühle gebracht, aber ein Fehler wird ja nicht dadurch rückgängig gemacht, indem man einen zweiten hinzufügt. Im Übrigen kommt das Gehalt nicht vom Vorgesetzten, sondern aus den erzielten Erlösen.

2. Bei aller Integrität – aber damit haben Sie sich gleich zwei Feinde gemacht. Sie haben dem Kunden klar gesagt, dass Sie dessen Einschätzung nicht teilen, und Sie haben sich darüber hinaus gegenüber Ihrem Vorgesetzten nach außen hin illoyal verhalten. Wenn der Kunde ihm dies bei nächster Gelegenheit erzählt, haben Sie ein Problem mehr.
3. Diese Anbiederei dürfte die Wertschätzung seitens des Kunden nicht gerade fördern. Wer seinem Arbeitgeber in den Rücken fällt, darf von Kunden und Lieferanten keinen Respekt erwarten.
4. Mit dieser Aussage entwerten Sie sich in den Augen des Kunden als Gesprächs- und Verhandlungspartner. Sie und Ihre Meinung werden möglicherweise in Zukunft deutlich weniger ernst genommen.
5. Eine goldene Regel im Geschäftsleben lautet: »One face to the customer!« Im Außenverhältnis – vor allem gegenüber Kunden und Lieferanten – ist ein einheitliches und geschlossenes Auftreten im Sinne des Unternehmens unverzichtbar. Mit dieser diplomatischen Antwort hätten Sie sich selbst, Ihren Vorgesetzten und Ihr Unternehmen ganz gut aus der Bredouille gebracht.
6. Diese Einlassung klingt wie: »Mal sehen, wann die nächste Sau durchs Dorf getrieben wird.« Das ist die Haltung von Zynikern, die bereits so manche Inkonsequenz erlebt haben – und sie ist in deutschen Betrieben gar nicht so selten anzutreffen.

Hinweis: Was tun, wenn es keinen Konsens mit dem Chef gibt? !

Loyalität heißt nicht, alles widerspruchslos abzunicken. Wer mit strategischen Überlegungen der nächsten Führungsebene, die ihn betreffen, nicht einverstanden ist, darf und sollte seinen Standpunkt vertreten. Wurde eine Entscheidung aber nach dem Muster »Ober sticht Unter« getroffen, gibt es nur zwei Möglichkeiten: sie akzeptieren und im eigenen Verantwortungsbereich umsetzen oder den Job wechseln.

»Was würden Sie tun, wenn Sie sich von Ihrem Vorgesetzten ungerecht behandelt fühlen?«

Nicht jeder bekommt, was er verdient, und nicht jeder hat verdient, was er bekommt. Solche Schieflagen gibt es öfter und sie sind von jenen, die damit umgehen müssen, auf Dauer nicht gut zu ertragen. Irgendwann ist der Punkt erreicht, an dem es Laut zu geben gilt: Eine Beschwerde ist angesagt.

Beispiel: Das ist eine gute Antwort !

»Ich frage mich erst einmal, ob das Gefühl wirklich durch Tatsachen begründet ist. Es gibt ja auch eine ›gefühlte Temperatur‹, die von der Wirklichkeit manchmal erheblich abweicht. Wenn ich in eine derartige Lage geraten sollte, rede ich erst einmal mit Menschen, die es wirklich gut mit mir meinen – die mir also nicht nach dem Mund reden. Das ist für mich ganz wichtig. Sollten die mich bestätigen, spreche ich meinen Vorgesetzten auf die empfundene Ungerechtigkeit an. Natürlich würde ich mich auf das Gespräch gut vorbereiten und versuchen, ganz sachlich zu bleiben.«

»Was würden Sie tun, wenn ein Mitarbeiter einen starken Leistungseinbruch zeigt?«

Die zentrale Frage jeder Führungskraft lautet: Wie bekomme ich die ganze Arbeitskraft meiner Mitarbeiter?

! **Beispiel: Eine gute Vorgehensweise**

»Ich würde zunächst einmal Ursachenforschung betreiben. Liegen innerbetriebliche oder außerbetriebliche Gründe vor? Zu den innerbetrieblichen Gründen würde ich mir unter anderem die folgenden Fragen stellen: Ist der Mitarbeiter überhaupt richtig eingesetzt? Wurde er hinreichend gefördert und gefordert? Hat er seinen Platz im Team gefunden? Natürlich können auch private Dinge die Leistungsfähigkeit beeinträchtigen, zum Beispiel familiäre Krisen oder persönliche Schicksalsschläge. Hier ist gegebenenfalls auch die Fürsorgepflicht des Unternehmens gefragt. Am Ende des Gesprächs müsste ein Verbleib stehen. Ich würde dem Mitarbeiter im Rahmen der betrieblichen Möglichkeiten meine Unterstützung anbieten – aber je nach Schwere des Falls mit ihm auch über denkbare Konsequenzen sprechen.«

»Was würden Sie tun, wenn Sie das Gefühl haben, der Job wächst Ihnen über den Kopf?«

Früher hieß die Diagnose »Managerkrankheit«, heute heißt sie »Burnout«. Der Begriff beschreibt den Zustand extremer emotionaler Erschöpfung mit verminderter Leistungsfähigkeit. Nach dem Diagnoseklassifikationssystem der Weltgesundeitsorganisation WHO (ICD-10, International Statistical Classification of Diseases) ist Burnout keine Krankheit, sondern ein Problem der Lebensbewältigung. In diesem Sinne sollte auch die Antwort ausfallen, denn es gibt Gründe, Burnout vor allem für eine Krankheit der Medien zu halten.

! **Beispiel: eine gute Antwort**

»Ich würde mich zunächst fragen, ob ich mich zweckmäßig organisiere und die Prioritäten richtig setze. Weitere Leitfragen wären für mich: Bin ich zu perfektionistisch? Reiße ich alles an mich, was andere erledigen können? Bin ich aus Gründen der Selbstprofilierung nicht bereit, Aufgaben abzugeben oder zu delegieren? Kann ich nicht Nein sagen, wenn Aufgaben an mich herangetragen werden, obwohl mir dies vermutlich niemand übelnehmen würde. Lebe ich, um zu arbeiten, oder arbeite ich, um zu leben? Ich würde mich auch fragen, welche Möglichkeiten ich habe, um aufzutanken, aber nicht nutze. Das sind so Gedanken, die ich anstellen würde.«

»Was würden Sie tun, wenn Sie sich unterfordert fühlen?«

Es gibt ernst zu nehmende Hinweise, dass viele Menschen an dem Boreout-Syndrom leiden – sich also zu Tode langweilen. Der französische Philosoph Blaise Pascal befand bereits im 17. Jahrhundert: »Nichts ist so unerträglich für den Menschen, als sich in einer vollkommenen Ruhe zu befinden, ohne Leidenschaft, ohne Geschäfte, ohne Zerstreuung, ohne Beschäftigung. Er wird dann sein Nichts fühlen, seine Preisgegebenheit, seine Unzulänglichkeit, seine Abhängigkeit, seine Ohnmacht, seine Leere. Unaufhörlich wird aus dem Grund seiner Seele der Ennui aufsteigen, die Schwärze, die Traurigkeit, der Kummer, der Verzicht, die Verzweiflung.«

Ältere wollen länger arbeiten! Die Teilnehmer einschlägiger Umfragen begründen ihren Wunsch mit dem Bedürfnis nach Teilhabe und dem Bestreben, geistig und körperlich aktiv zu bleiben. Das ist allerdings nicht einmal jedem Arbeitnehmer vergönnt – sie leiden unter dem Boreout-Syndrom, fühlen sich also an ihrem Arbeitsplatz unterfordert.

Hinweis: Was ist Boreout? !

Boreout ist ein Gefühl der völligen Unterforderung und damit verbundener Langeweile. Es kann entstehen durch

- eine geringe Menge an Arbeit,
- eine Aufgabe, die nicht den persönlichen Neigungen entspricht,
- eine Qualifikation, die deutlich über den Anforderungen liegt.

Die Folgen für die Betroffenen:

- fehlende Anerkennung und Zufriedenheit, die sich nach dem Erledigen sinnvoller und anspruchsvoller Arbeiten einstellt,
- Müdigkeit, Lustlosigkeit, Gereiztheit,
- psychosomatische Beschwerden,
- Depressionen/Gefühl der Nutzlosigkeit.

Was tun? Die Personaleinsatzplanung kennt drei Methoden, um dem Boreout vorzubeugen:

- Job Rotation: Man macht turnusmäßig etwas anderes, was der eigenen Qualifikation allerdings entspricht.
- Job-Enlargement: Das Aufgabenspektrum wird erweitert, sodass es keinen Leerlauf mehr gibt.
- Job-Enrichment: Das normale Arbeitspaket wir um anspruchsvolle Aufgaben erweitert, die Erfolgserlebnisse bescheren können und die Möglichkeit eröffnen, sich fachlich zu entwickeln.

»Was würden Sie tun, wenn Sie einem Blinden die Farbe Gelb erklären sollen?«

Es hat sich herumgesprochen, dass Start-ups eher skurrile Fragen stellen, die durchaus für Überraschungen sorgen. Man interessiert sich eben weniger für Kandidaten mit Prädikatsexamen, sondern mehr für Querdenker sowie Frauen und Männer mit Ecken und Kanten. »Stay foolisch!«, hat Steve Jobs, der legendäre Apple-Gründer, den Studierenden in seiner berühmten Stanford-Speech empfohlen. Hier gibt es keinen Tipp, wie man diese Anforderung bewältigen könnte, aber denken Sie ruhig mal darüber nach (Anmerkung: Die Stanford-Speech von Steve Jobs findet man mit wenigen Klicks bei Youtube).

»Was würden Sie tun, wenn Sie einem zehnjährigen Kind eine Suchmaschine erklären sollen?«

Mit solchen Fragen – das wird in Medien und Blogs kolportiert – muss man bei Apple, Google oder Facebook rechnen. Und mit der entsprechenden zeitlichen Verzögerung kommt diese Herangehensweise auch nach Deutschland.

6.7 »Welche Fragen haben Sie denn noch?«

Im Vorstellungsgespräch geht es bekanntlich nicht zu wie im wirklichen Leben, in dem es – so heißt es jedenfalls – keine dummen Fragen gibt. Im Vorstellungsinterview ist dies sehr wohl der Fall. Unglückliche Bewerberfragen lassen sich nur noch toppen, indem der Kandidat überhaupt keine Frage zu stellen weiß. In diesem Fall handelt man sich den Vorwurf ein, man habe zu wenig Interesse, es fehle das Problembewusstsein oder die Vorbereitung auf das Gespräch sei mies gewesen. In vielen Fällen trifft alles zu.

Unmöglich ist es, nach der Aufforderung zum Fragenstellen einen zu Hause vorbereiteten Zettel hervorzuholen und diesen abzuarbeiten. Da finden sich bestimmt Fragen, die längst beantwortet sind oder nicht mehr passen. Ein geduldiger Gastgeber lässt Sie zwar gewähren, denkt sich aber seinen Teil: unflexibel, wenig souverän und bürokratisch.

Da man bekanntlich aus den Fehlern anderer lernen kann, lesen Sie einige Bewerberfragen, die Sie lieber nicht stellen sollten:

- »Wie ist das Betriebsklima in Ihrem Haus?« Was soll Ihr Gesprächspartner antworten? Wird er Ihnen sagen, dass die Stimmung wegen Restrukturierungsmaßnahmen im Keller ist? Natürlich nicht. Diese Frage bringt Ihren Gesprächspartner gegebenenfalls nur in Verlegenheit oder verlangt von ihm eine Pflichtübung: »Alles Paletti!«
- »Wie halten Sie es mit dem Delegieren von Aufgaben und Verantwortung an Ihre Mitarbeiter?« Jede Führungskraft wird sich nun dazu bekennen, selbst wenn sie Delegieren mit dem Abschieben lästiger Aufgaben verwechselt. Als Fragender sind Sie nach der Antwort nicht schlauer und machen auch keine Punkte damit.
- »Fühlen sich Ihre Mitarbeiter immer ausreichend informiert?« Wenn Sie Pech haben, werden Sie mit der Gegenfrage »Fühlen sich Mitarbeiter jemals ausreichend informiert?« abgekanzelt.
- »Wann wurde das Unternehmen gegründet?« Diese Frage steht stellvertretend für alle Fragen, die Sie sich längst hätten selbst beantworten müssen – etwa durch Recherchen im Internet.
- »Wann ist morgens normalerweise Arbeitsbeginn?« Das kann man später klären. Im Vorstellungsgespräch ist diese Frage ungeschickt. Ausnahme:

Alleinerziehende, die ihre Kinder vorher noch in die Kita oder Schule bringen müssen. Dasselbe gilt für die Frage nach dem Arbeitsende oder einer Gleitzeitregelung.

- »Wie sieht es eigentlich mit dem Gehalt aus?« Die Einkommensfrage schneidet Ihr Gastgeber an und Sie sollten ihm hier nicht die Initiative nehmen. Abgesehen davon ist der Ton dieser Frage unangemessen.
- »Wie war die Resonanz auf Ihre Anzeige?« Wer über ein Mindestmaß an Empathie verfügt, verkneift sich diese Frage. Sie hat schließlich mit der Entscheidungsfindung nichts zu tun. Im Übrigen wird ja kein Personaler einräumen, dass die Resonanz miserabel war.
- »Welche Bedeutung hat in Ihrem Unternehmen die Forderung nach Gleichbehandlung aller Mitarbeiterinnen und Mitarbeiter beziehungsweise die Unterlassung jeglicher Diskriminierung?« Hier hilft der gesunde Menschenverstand, die Antwort vorauszusehen und sich damit die Frage zu schenken.
- »Ich habe – wie Sie meinen Unterlagen entnommen haben – einen Migrationshintergrund. Darf ich damit rechnen, bessere Chancen zu haben?« Diese Frage sollte man als Betroffener schnell vergessen. Einen Migrantenbonus kann es nicht geben, aber man kann bei gleichwertiger Performance auf Platz eins landen.

Soweit einige Negativbeispiele. Was hingegen gut ankommt, sind Beiträge wie dieser: »Sie haben zu Beginn des Gesprächs gesagt, dass das Unternehmen durch weitere Zukäufe expandieren will. Darauf möchte ich gern noch einmal zurückkommen und Sie fragen, ob es wie bisher um Europa geht oder auch die USA oder Fernost in den Überlegungen eine Rolle spielen?«

So erweist man sich als guter Zuhörer, der auch noch über ein intaktes Gedächtnis verfügt. Wie bereits an anderer Stelle angemerkt, beziehen sich nur ganz wenige Bewerber in dieser Phase des Vorstellungsgesprächs auf das, was der Interviewpartner am Anfang gesagt hat. Generell ist es bei Fragen gut, einen interessanten Aufhänger zu finden – also ein Stichwort, ein Ereignis oder eine aktuelle Information, auf die man seine Frage sinnvoll gründen kann.

Beispiel: Ein guter Aufhänger !

»Welche Fragen haben Sie abschließend noch?«

»Im Foyer lag Ihre Mitarbeiterzeitung ›Meyer aktuell‹ und da las ich vorhin, dass Ihr Unternehmen eine Forschungskooperation mit dem Unternehmen Behringer eingegangen ist und dass über weitere derartige Kooperationen nachgedacht wird. Mich würde interessieren, wo das Personal in dieser Kooperation angesiedelt ist beziehungsweise angesiedelt sein wird.«

Abschließend finden Sie noch einige Fragen, die von Fall zu Fall gut passen könnten. Stimmen Sie diese auf Ihre persönliche Situation ab:

- »Warum ist diese Position überhaupt vakant?« (Neu geschaffene Planstelle? Generationswechsel? Fluktuation?)
- »Wie lange dauert nach Ihrer Erfahrung die Einarbeitungszeit?«
- »Gibt es Mitarbeiter, die diese Position gern übernommen hätten und nicht berücksichtigt wurden?« (Gilt für Führungspositionen)
- »Wie stark ist die Position des Betriebsrats in Ihrem Hause?« (Gilt für Führungspositionen)
- »Welche neuen Produktentwicklungen sind zurzeit in der Pipeline?«
- »Ich spreche etwas Ungarisch und habe gute private Kontakte unter anderem nach Budapest. Gibt es Ambitionen, die Geschäftsbeziehungen in diese Region auszuweiten?«
- »Sie haben eingangs gesagt, dass die Personalentwicklung für Sie einen hohen Stellenwert hat. Wer kann denn unter welchen Bedingungen an den Förderprogrammen teilnehmen?«

! **Hinweis: Desinteresse kommt nicht gut an**

Viele Vorstellungsinterviews, die von mehreren Repräsentanten eines Unternehmens geführt werden, enden bei der anschließenden Manöverkritik mit dem Vorwurf, der Bewerber habe keine oder zu wenig Fragen gestellt. Warum wird das einem Jobaspiranten übelgenommen? Weil das in der Regel auf Desinteresse hinweist, denn kein Gesprächspartner kann einem Bewerber eine Aufgabe und die entsprechenden Rahmenbedingungen so detailliert beschreiben, dass keine Frage offenbleiben. Oder anders: Bewerber, die nach der Devise »Hauptsache, ich kriege den Job!« vorgehen, sind ein Risiko für das Unternehmen.

6.8 Was im Interview nicht gut ankommt

Es gibt Bewerber, die fachlich überzeugen, sicher auftreten, rhetorisch geschickt sind und dennoch eine Absage erhalten. Warum?

Ja-Sager und Schmeichler

Gute Führungskräfte kennen die beiden folgenden Grundsätze und beherzigen sie auch. Erstens: Wer nur hören will, was ihm gefällt, lebt gefährlich. Zweitens: Wer nur sagt, was gut ankommt, ist gefährlich. Manche Bewerber reden ihrem Gesprächspartner nach dem Mund oder versuchen, ihn mit Nettigkeiten wohlwollend zu stimmen. Früher hieß es sinngemäß »Diesen Hügel nehmen!« und alle rannten los. Zuvor wurde noch das Hirn abgestellt. Gute Vorgesetzte wünschen sich heute Mitarbeiter, die sich der kollektiven Überwindung der Vernunft widersetzen und nachfragen: »Warum diesen Hügel?« VW-Chef Matthias Müller sagte nach dem Skandal um die manipulierten Abgaswerte in einem Interview: »Wir brauchen keine Ja-Sager, sondern Manager und Techniker, die mit guten Argumenten für ihre Überzeugungen und ihre Projekte kämpfen – die unternehmerisch denken und agieren.«

Natürlich ist das auch eine Frage der Unternehmenskultur: Wird ernsthaft delegiert und Verantwortung nach unten übertragen? Ist kritisches Mitdenken erwünscht? Und natürlich hängt dies davon ab, wie stark der Vorgesetzte ist. Schwache Führungskräfte verfahren gern nach der Schmidt-sucht-Schmidtchen-Methode. Da machen dann jene Kandidaten das Rennen, die pflegeleicht erscheinen und dem Chef nicht gefährlich werden können oder im Alltag keinen Ärger machen. Der Wettbewerbsfähigkeit eines Unternehmens tut so etwas nicht gut.

Die Zeitschrift »Werben & Verkaufen« (W&V) hat seine Leser im Internet befragt, welche Qualitäten Nachwuchskräfte mitbringen sollten. Und so sah das Ergebnis aus:

- Zwei Prozent Zustimmung: ein Studium in Rekordzeit, davon einige Semester im Ausland und am besten noch ein MBA.
- Vier Prozent Zustimmung: Sie müssen fachlich versiert sein. Soziale Kompetenz lernt man im Job.
- 19 Prozent Zustimmung: Gute Examensnoten sind mindestens so wichtig wie soziale Kompetenz.
- 75 Prozent Zustimmung: Wir brauchen Nachwuchskräfte mit Ecken und Kanten. Farblose Manager haben wir genug.

Wenn Sie nach Ihrer Meinung gefragt werden, passen Sie also gut auf – es kann tatsächlich Ihre Meinung gefragt sein.

Beispiel: »Was halten Sie von diesem Mailing?« !

Sie bewerben sich im Marketing und man legt Ihnen ein Mailing vor, das das Unternehmen konzipiert hat. Nun will Ihr Gesprächspartner wissen, was Sie davon halten. Leider sagt er Ihnen nicht, dass die Sache ein Riesenflop war. Wenn Ihnen etwas auffällt, das nach Ihrem Dafürhalten hätte besser gemacht werden können – heraus mit der Sprache. Dabei muss man nicht neunmalklug auftreten und sollte die kritischen Anmerkungen einfühlsam kommunizieren. Genau diese Eigenschaften braucht man ja später auch, um im Team beziehungsweise mit den Kolleginnen und Kollegen gut klarzukommen.

Abschließend noch einige Anmerkungen zu Bewerbern, die mit Schmeicheleien zu punkten versuchen. Gewiss ist fast jeder Mensch in gewisser Hinsicht eitel und deshalb für Schmeicheleien empfänglich. Für die Bewerbungssituation gilt dies jedoch weniger. Wer sich täglich mit der Besetzung von Stellen zu befassen hat, ist längst immun gegen die Versuche von Bewerbern, sich »einzuschleimen«. Achten Sie daher darauf, wie Sie in Situationen wie der folgenden reagieren: »Wie hat Ihnen denn unsere Stellenanzeige gefallen?« – »Absolut überzeugend und auf den Punkt formuliert!«

Kann man gegen solche Nettigkeit eines Bewerbers ernsthaft etwas einwenden? Ja, man kann. Was ist zum Beispiel, wenn der ursprüngliche Textentwurf Ihres Gesprächspartners von dessen Vorgesetzten abgelehnt wurde und die von diesem redigierte Fassung veröffentlicht werden musste? Dann haben Sie seinen Chef gelobt, mit dem er gerade im Clinch liegt. Schmeichler und Hofschranzen können für Unternehmen gefährlich sein. Die Skandale der letzten Zeit – man denke neben VW an die Deutsche Bank, Siemens, den ADAC oder die FIFA – haben gezeigt, wie schnell das Image ruiniert ist und Milliarden verbrannt sind. Was Unternehmen brauchen, sind Überbringer schlechter Nachrichten und Querdenker – wenn es die Lage erfordert.

Politische Bekenntnisse sind riskant

Wirtschaft ist hochpolitisch. Zwar gestaltet die Politik die Rahmenbedingungen, unter denen Unternehmen mehr oder weniger erfolgreich arbeiten können, aber es kommen auch hausgemachte betriebliche Schwierigkeiten vor. Es gibt Strukturkrisen ganzer Branchen, die nicht mehr wettbewerbsfähig sind, und es gibt Einflüsse der Weltkonjunktur. Hier muss man als Bewerber um eine anspruchsvolle Aufgabe einen Standpunkt haben, sollte sich aber vor Schuldzuweisungen an Parteien oder Organisationen hüten.

In einer Demokratie sind Wahlen aus guten Gründen geheim. So kann die Vorliebe für eine politische Partei auch nie Gesprächsgegenstand in einem Vorstellungsinterview sein. Lassen Sie sich nicht zu entsprechenden Äußerungen verleiten – das könnte eine Falle sein. Ausnahmen: Sie bewerben sich bei einer Partei, etwa als Büroleiter eines Abgeordneten, bei einer politischen Stiftung, einer Gewerkschaft oder einer kirchlichen Institution.

! **Tipp: Bei politischen Fragen**

Zeigen Sie sich politisch wach, aber neutral. Doch was tun, wenn Sie als Betriebswirt oder Führungsnachwuchskraft beispielsweise nach Ihrer Meinung zu Mindestlöhnen, der Deckelung von Managergehältern oder der Frauenquote gefragt werden? Hier einige Tipps:

- Nicht eifern!
- Keine Gemeinplätze äußern, etwa: »Man muss doch von seinem Lohn leben können.« Oder: »Es machen sich doch alle nur die Taschen voll!«
- Das Für und Wider darstellen. Beispiel: »Es muss einen Anreiz zur Arbeit geben. Aber was wird aus den Geringqualifizierten, wenn deren Arbeit künstlich verteuert wird?« Oder auch: »Hohe Managergehälter haben die Marktwirtschaft in Verruf gebracht. Aber es gibt einen weltweiten Wettbewerb um die besten Köpfe. Und die haben ihren Preis. Wenn talentierte Nachwuchskräfte das Land verlassen, weil sie woanders bessere Konditionen vorfinden, bekommen wir hier Probleme.«

- Wer gute Argumente hat, sollte sich zu seinem Standpunkt klar bekennen. Bei diffizilen Fragen ist es keine Schande, Unsicherheit hinsichtlich einer Antwort einzuräumen.
- Ein pauschales Politiker- oder Partei-Bashing kommt in der Regel nicht gut an.

Passen Sie auf, wenn Sie nach dem Stellenwert der Betriebsratsarbeit gefragt werden. Sie wissen nicht, ob Ihr Gegenüber als Personalleiter im Dauerstreit mit seinem Betriebsrat liegt oder vielleicht seine Karriere einer früheren Betriebsratsarbeit verdankt. Solche Seitenwechsel kommen immer wieder vor. Hier eine Antwort, die gewiss akzeptiert wird: »Betriebe sollten ab einer bestimmten Größenordnung eine Interessenvertretung haben, die Geschäftsführung braucht ja auch einen Ansprechpartner. Aber es gibt nun einmal — wie überall — konstruktive und kompetente und weniger konstruktive und kompetente Interessenvertreter.«

Theorie nicht gegen Praxis ausspielen

»Grau, teurer Freund, ist alle Theorie«, meinte der Dichterfürst Johann Wolfgang von Goethe. »Nichts ist praktischer als eine gute Theorie«, befand dagegen Kurt Lewin, ein bedeutender Psychologe des 20. Jahrhunderts. Praktiker stehen mit Theoretikern — und umgekehrt — seit jeher auf Kriegsfuß, weil es in jeder Gesellschaft zu allen Zeiten einen Kampf zwischen Erfahrung und neuen theoretischen Erkenntnissen gab und gibt. Und hier sollte man als Bewerber aufpassen: Was gestern galt, muss heute nicht mehr stimmen — aber was heute lautstark verkündet wird, ist auch nicht unbedingt richtig.

Vor allem Hochschulabsolventen sollten die Bedeutung von Erfahrung nicht herunterspielen und die der Theorie nicht überhöhen. Manch ein Gesprächspartner, der seinen Job von der Pike auf erlernt hat, wird ungern hören wollen, dass er längst aus der Zeit gefallen sei. Konfliktträchtig kann im Vorstellungsgespräch auch die Bewertung von Hochschulabschlüssen sein. Es gibt Unternehmen, für die beginnt der Akademiker erst mit einem Universitätsabschluss, daher stellen sie für bestimmte Positionen keine Fachhochschulabsolventen ein. Andere Firmen haben mit FH-Kandidaten sehr gute Erfahrungen gemacht — und das auch noch bei geringeren Einstiegsgehältern.

Beispiel: »Warum haben Sie kein Universitätsstudium absolviert?« !

Unterschätzen Sie diese Frage nicht, denn mit der Antwort darauf können Sie sich um Kopf und Kragen reden. Etwa so: »Ich habe aus gutem Grund BWL an einer Fachhochschule studiert, weil die Inhalte dort viel praxisnäher vermittelt werden. Wir haben doch genug Theoretiker — an der Uni ist das alles viel zu abgehoben.«

Diese zwei Sätze können einen Bewerber den potenziellen Job kosten. Was ist, wenn der Gesprächspartner an der Universität Betriebswirtschaftslehre studiert hat und darauf stolz ist?

Denken Sie darüber nach, welche Einstellung Ihr Interviewpartner zu den zu bewertenden Bildungseinrichtungen hat, bevor Sie die Frage nach der Wertigkeit von akademischen Abschlüssen beantworten. Das gilt besonders auch für die immer wieder kontrovers diskutierten Bachelor- und Masterabschlüsse. Wichtig ist hier, nicht aus einer Hau-drauf-Haltung heraus zu reagieren. Die folgenden Dinge könnten den Interviewpartner umtreiben:

- Er hat selbst an einer Fachhochschule oder Universität studiert und gute oder schlechte Erfahrungen gemacht.
- Er hat nur an einer Fachhochschule studiert und empfindet das als einen Schönheitsfehler.
- Von Bildungsgängen unter Universitätsniveau hält er herzlich wenig.
- Er ist stolz auf seinen berufsbegleitend erworbenen Bachelorabschluss. Wenn man dann sagt, dass ein Bachelor doch nur ein besserer Lehrabschluss sei, könnte das den Tatbestand einer Beleidigung erfüllen.
- Er hat Kinder, die sich für eine der beiden Institutionen entscheiden müssen, und sucht Orientierung.
- Da Sie als Bewerber nicht wissen, welche Gedankengänge des Fragenden mit diesem Thema verbunden sind, dürfen Sie die beiden Bildungseinrichtungen nicht gegeneinander ausspielen. Achten Sie vielmehr darauf, dass Sie die jeweiligen Vorzüge und Unterschiede einigermaßen klar auf den Punkt bringen.

!

Beispiel: So antworten Sie als FH-Absolvent

»Das Studium an einer FH ist deutlich strukturierter — manche sagen auch, es sei ›verschulter‹ als ein Universitätsstudium. Und es steht die Lehre, nicht die Forschung im Vordergrund. Ich hatte mit meiner Fachhochschule großes Glück, denn wir hatten zwei Professoren, die Erfahrungen aus der Wirtschaft mitbrachten. Einer hat zum Beispiel zehn Jahre als Controller in einem Konzern gearbeitet. Vielleicht kam manchmal die theoretische Fundierung zu kurz — aber ich fühle mich gut ausgebildet. Und ich denke, dass ich das Gelernte sehr gut in die Praxis übertragen kann.«

Reden Sie nur über Dinge, von denen Sie Ahnung haben

»Wenn die Menschen nur über das sprächen, was sie begreifen, dann würde es sehr still auf der Welt sein.« Die Mutmaßung von Albert Einstein ist zwar ironisch überspitzt, enthält aber einen wahren Kern. In diesem Sinn kann Schweigen für einen Bewerber manchmal vorteilhaft sein.

»Was halten Sie von der Shareholder-Value-Strategie vieler Großunternehmen?« Oder subtiler in der Fragestellung: »Meinen Sie nicht auch, dass die Shareholder-Value-Strategie längst überholt ist?« Jetzt ist eventuell Holland in Not, wenn der so Gefragte keine Ahnung hat und sich dennoch profilieren möchte. In ein wirkliches Desaster gerät er aber, wenn er die Shareholder-Strategie eifrig ablehnt und dann eine Nachfrage zeigt, dass er gar nicht weiß, wovon die Rede ist. Normalerweise ist das keine Schande — so zu tun, als kenne man sich aus, dagegen schon. Vor solchen potenziellen Mitarbeitern haben Unternehmen zu Recht Angst. Wie lautet doch ein absolut beherzigenswerter Grundsatz? Man muss nicht alles wissen, aber man muss wissen, was man nicht weiß.

Tipp: Zu Schwächen stehen !

Schwache Persönlichkeiten sind bemüht, ihre Schwächen zu verbergen, während starke Persönlichkeiten zu ihren Defiziten stehen. Gut ist es, bei dieser Gelegenheit kurz anzuführen, was man gegebenenfalls zur Behebung der Schwächen zu tun gedenkt. Etwa: »Ich werde mich mit dem Thema noch einmal befassen.«

»Da haben Sie mich falsch verstanden.«

»Die Zunge ist ein Dolch aus Fleisch«, so heißt ein spanisches Sprichwort. Manchmal verderben auch unbedachte Floskeln die Gesprächsatmosphäre. Bertolt Brecht hat einmal angemerkt: »Wir waschen hin und wieder unsere Wäsche, aber niemals unsere Wörter.« Das ist ein guter Ratschlag für ein Bewerbungsgespräch.

»Da haben Sie mich falsch verstanden!« Wie darf ein Gesprächspartner diesen Satz verstehen? Als Vorwurf, nicht aufgepasst zu haben? Als Zweifel an seiner intellektuellen Leistungsfähigkeit? Als Schuldzuweisung? Ein Satz, der gar nicht böse gemeint ist, kann negativ wirken. Was ist, wenn der Gesprächspartner kontert: »Könnte es sein, dass Sie sich nicht richtig ausgedrückt haben?« Er wird es nicht tun, aber bei ihm könnte der Gedanke aufkommen — was nicht weniger schlimm ist. Streichen Sie deshalb aus den gleichen Gründen auch die folgenden Formulierungen:

- »Wie ich vorhin schon versucht habe, Ihnen zu erklären, aber ...«
- »Ehrlich gesagt ...«
- »Jeder hat doch bestimmt schon mal ...«
- »Wir alle können doch nicht immer ...«
- »Sie können sich sicher vorstellen, dass ...«
- »Niemand ist perfekt.«
- »Wir sind doch alle nur Menschen!«

Die meisten Gesprächspartner übergehen solche Formulierungen — doch ein positives Gesprächsklima entsteht so nicht. Denken Sie an die älteste bekannte Rhetorikregel der Menschheit: Es ist egal, was du sagst — entscheidend ist, wie es ankommt.

Eine aufdringliche Körpersprache

Jedes Mal, wenn Bewerber A eine Frage gestellt bekommt, kratzt er sich am rechten Bein, ehe antwortet. Bewerber B greift in einer vergleichbaren Situation nach einem Kugelschreiber und hantiert damit herum, während Bewerber C mit seinen Händen ständig neue Spitzdächer formt. Oft zeigen derartige Gesten einen innerpsychischen Konflikt an. Ein geschulter Interviewer wird sich sagen: Aha, nun habe ich offensichtlich ein sensibles Thema angesprochen. Die Körpersprache ist nun einmal die ehrlichste Form der Kommunikation. Wer mit zittrigen Händen Belastbarkeit als besondere Stärke anführt, widerlegt sich selbst. Manche körpersprachlichen Handlungen sind aber nur Gewohnheiten, die sich im Lauf des Lebens eingeschliffen haben. Wer sich ständig am Ohr zupft oder die Brille zurechtrückt, gibt nicht gleich einen Blick in seelische Abgründe frei — aber es nervt auf Dauer und wirkt wenig souverän.

! **Tipp: Holen Sie sich Feedback zu Ihrer Körpersprache**

Wer sich bewirbt, muss kein anderer Mensch werden. Aber auf Bewährungssituationen jedweder Art sollte man sich vorbereiten und dazu kann auch eine Überprüfung des nonverbalen Verhaltens gehören. Hier einige Leitfragen:

- Bin ich ein Äh-Produzent?
- Was mache ich in kritischen Gesprächssituationen mit meinen Händen?
- Werfe ich meine Arme weit auf den Tisch?
- Neige ich dazu, die Arme vor der Brust oder hinter dem Kopf zu verschränken?
- Umklammere ich mit den Füßen gern die Stuhlbeine?
- Sitze oder hänge ich auf meinem Stuhl?
- Wahre ich beim Reden Blickkontakt oder suche ich Halt an der Decke oder irgendeinem Fixpunkt?
- Zeige ich hin und wieder einmal, dass ich auch lächeln kann?

Sie sollen sich nicht selbst belauern, aber die alte Regel, sich einmal neben sich selbst zu stellen und zu beobachten, ist gar nicht so übel. Auf diese Weise können Sie schon das eine oder andere störende Verhaltensmuster in den Griff bekommen. Im Übrigen sind manche Marotten auch liebenswert. Es geht nicht um den perfekten Auftritt, denn Perfektion zieht dem Leben das Mark aus den Knochen.

7 FAQ: Personalberater-Tipps zu speziellen Bewerberproblemen

In diesem Kapitel thematisiert der Autor im Rahmen eines Frage-Antwort-Spiels spezifische Bewerberfragen, die nicht jeden Jobaspiranten direkt betreffen, aber als Orientierungshilfe dennoch hilfreich sein können.

»Wäre Weglassen Betrug?«

Bewerber: Vor einigen Jahren habe ich eine neue Stelle angetreten, in der mir nach vier Monaten gekündigt wurde. Soll ich dies bei meinen zukünftigen Bewerbungen angeben oder aus meinem Lebenslauf löschen?

Müller-Thurau: Bitte erwähnen Sie diese Schramme in Ihrem Werdegang und stehen Sie dazu. Fragen Sie sich, was Sie aus diesem beruflichen Malheur gelernt haben, und tragen Sie dies im Vorstellungsinterview ohne Umschweife vor. Bei den meisten Bewerbern wirkt sich nicht das Scheitern an sich negativ aus, sondern die Art und Weise, wie sie damit umgehen. Bekannt ist dieses Phänomen von Politikern, die erst durch den Umgang mit einem Fehler ihren Absturz bewirkt haben.

»Ich habe sechs Monate Leerlauf im Lebenslauf.«

Bewerber: Ich habe vor sechs Monaten mein Studium mit Examen beendet und suche seitdem erfolglos nach einer Festanstellung. Wie kann ich diese lange Zeit des Nichtstuns in meinem Lebenslauf verpacken?

Müller-Thurau: Schreiben Sie auf keinen Fall in Ihren tabellarischen Lebenslauf »seit dann und dann arbeitssuchend«, sondern benutzen Sie die Formulierung »ohne Anstellung«. Bemühen Sie sich um ein (auch unbezahltes) Praktikum oder wenigstens eine Ihr Studium sinnvoll ergänzende Fortbildungsmaßnahme. Sie können dann anführen »Zurzeit absolviere ich ...« Damit ist das Nichtstun aus der Welt und eventuell gibt es für die entsprechende Aktivität einen Pluspunkt.

»Wie sehr darf man sich loben?«

Bewerber: Darf beziehungsweise sollte ich schreiben, dass ich überzeugt bin, der richtige Kandidat zu sein?

Müller-Thurau: Nein! Nach der Lektüre eines Stellenangebots kann man nur vermuten, ob die Aufgabe passt oder nicht passt. Im Übrigen wünscht sich jeder Personaler Bewerber, die ihrerseits kritisch prüfen, ob sie im Fall eines

Angebots den Job annehmen oder lieber ablehnen sollten. Formulierungen wie »Ich bin mir sicher …« streichen.

»Soll ich mein nebenberufliches Studium bereits im Anschreiben erwähnen?«

Bewerberin: Ich bin zurzeit als Sachbearbeiterin Beschaffung fest angestellt und suche in diesem Bereich eine neue Aufgabe. Berufsbegleitend studiere ich seit drei Semestern BWL und strebe einen Bachelorabschluss an. Kann es an diesem Studium – das ich im Anschreiben erwähne – liegen, dass ich kaum zu Vorstellungsgesprächen eingeladen werde?

Müller-Thurau: Ja, das kann es. Hier die zwei Hauptgründe. Erstens: Manche Arbeitgeber fürchten, dass das Studium zu viel Energie und Zeit bindet. Zweitens: Die Erfahrung zeigt immer wieder, dass Mitarbeiter nach Abschluss des nebenberuflichen Studiums mehr Geld haben wollen oder eine anspruchsvollere Aufgabe anstreben und dann gegebenenfalls kündigen. Machen Sie im Anschreiben erst einmal auf sich neugierig und erwähnen Sie das Studium später im CV.

»Ich habe keine disziplinarische Führungserfahrung.«

Bewerber: Ich habe Erfahrung als Projektleiter, nicht aber als Teamleiter mit direkter Führungserfahrung. Wird mir dies als Nachteil ausgelegt?

Müller-Thurau: Nicht unbedingt. Gehen Sie davon aus, dass Mitarbeiterführung anspruchsvoller ist, wenn man die Funktion des Fachvorgesetzten ausübt. In diesem Fall kann man nur über die persönliche und fachliche Autorität führen, weil einem ja keine disziplinarischen Sanktionsmöglichkeiten zur Verfügung stehen. Wer aus diesem Status heraus Mitarbeiter erfolgreich geführt hat, kann darauf stolz sein. Man muss dies allerdings bereits im Anschreiben deutlich machen.

»Meine Noten als Naturwissenschaftler sind schlecht.«

Bewerber: Ich bin Diplom-Biologe und bewerbe mich bisher ohne Erfolg um wissenschaftliche Stellen. So langsam setzt sich bei mir der Verdacht fest, dass ich aufgrund meiner Note (drei) nicht interessant genug bin. Die Arbeitszeugnisse meiner Praktika sind sehr gut. Außerdem sagen alle, dass ich sehr gute Bewerbungsschreiben verfasse.

Müller-Thurau: In den Natur- und Rechtswissenschaften wird bekanntlich sehr auf Noten geachtet. Sie bewerben sich – wie viele Jobsucher – um die falschen Aufgaben und dann schiebt man Frust. Kaprizieren Sie sich nicht auf wissenschaftliche Jobs, sondern auf Tätigkeitsgebiete, bei denen ein naturwissenschaftliches Studium eine gute Voraussetzung für den Erfolg ist, aber vor allem Soft Skills zählen. Denkbar sind zum Beispiel PR-, Marketing- und Vertriebsaufgaben in forschungsintensiven Unternehmen oder bei einschlägigen Verbänden. Hier müssen Sie freilich auf dem Gebiet der kommunikativen Kompetenz gut sein.

»Seit zehn Tagen herrscht Funkstille.«

Bewerber: Nach einem Interview habe ich seit zehn Tagen nichts mehr gehört. Soll ich per E-Mail nachfragen oder direkt anrufen?

Müller-Thurau: Manche Bewerber fragen nach zwei Tagen nach, ob die Bewerbungsunterlagen wohlbehalten angekommen seien. Andere vermelden, dass sie drei Tage verreist waren, und fragen, ob man sie zwischenzeitlich zu erreichen versucht habe. Nein! Das wirkt nicht überzeugend und führt bisweilen dazu, dass ein Kandidat gestrichen wird. Wenn alle Interessenten ständig um Auskünfte bitten würden, wäre die zuständige Abteilung arbeitsunfähig. Wenn Sie zehn Tage nichts hören, muss dies gar nichts bedeuten. Vielleicht wurde ein Vorstellungsgespräch verschoben oder ein Kollege, dessen Bewertung noch eingeholt werden muss, befindet sich auf einer Dienstreise. Bleiben Sie gelassen.

»Wie konkret müssen Gehaltswunsch und Eintrittstermin angegeben werden?«

Bewerber: Ich bin mir hinsichtlich meines Gehaltswunschs als Berufseinsteiger total unsicher und möchte mich bezüglich meines Starttermins wegen einer geplanten größeren Reise nach dem Examen ungern festlegen. Wie soll ich mich diesbezüglich im Anschreiben äußern?

Müller-Thurau: Der Abschluss einer Ausbildung — vor allem eines Studiums — markiert eine Zäsur im Lebenslauf. Hier kann man sich durchaus einen Wunsch erfüllen, der sich im späteren Berufsleben nicht mehr so leicht umsetzen lässt. Andererseits wäre es unklug, eine Riesenchance zu vergeben, weil man unbedingt Timbuktu sehen möchte. Als Einsteiger kommt man mit der Formulierung »Eintrittstermin flexibel« gut an. Zur Not lassen Sie dann eben eine Station der geplanten Weltreise sausen. Über die Gehaltswünsche wurde bereits an anderer Stelle gesprochen. Faustregel: hohe Reisekosten zum Vorstellungsinterview — Gehaltsvorstellung benennen. Bei einem Vorstellungstermin um die Ecke kann man sich noch bedeckt halten oder es zumindest versuchen.

»Ich bin 57 Jahre alt.«

Bewerber: Ich bin 57 Jahre alt und verfüge über fundierte Erfahrungen in der Textilindustrie — einer in Europa sterbenden Branche. Haben Sie einen Tipp, wie ich eine neue Herausforderung finden könnte?

Müller-Thurau: Mein Mutmacher: Ich hatte einmal die Position Betriebsleiter Fertigung zu besetzen und bekam als Personalberater die Vorgabe, einen geeigneten Kandidaten nicht unter 55 Jahren zu präsentieren. »Wie bitte?«, habe ich meinen Auftraggeber gefragt. Die Erklärung war schlüssig. Im Unternehmen gab es drei Youngster, die auf diese Position spekulierten, aber noch nicht so weit waren. Hätte man diesen hoffnungsfrohen Nachwuchskräften eine junge Führungskraft vor die Nase gesetzt, wären sie möglicherweise gegangen. Mit dieser Lösung blieb alles offen. Der Senior erwies sich als hervorragender Mentor und Coach, der nicht nur einen guten Job machte, sondern sich engagiert um den Nachwuchs kümmerte. Solche Aufgaben gibt es, aber man braucht ein wenig Glück, um sie zu finden.

»Ich möchte aus einer Führungsposition wieder absteigen.«

Bewerberin: Ich bin zurzeit Teamleiterin und möchte wieder eine Aufgabe als Sachbearbeiterin ohne Personalverantwortung übernehmen. Soll ich im Anschreiben darauf hinweisen, dass ich aus persönlichen und privaten Gründen keine Führungsaufgabe mehr wahrnehmen möchte?

Müller-Thurau: Nein. Sagen Sie im Anschreiben, was Sie wollen, und nicht, was Sie nicht wollen. Schreiben Sie, warum die Aufgabe gut zu Ihnen passen könnte und was Sie sich von ihr versprechen. Alles andere wird im Vorstellungsgespräch geklärt.

»Was lesen Sie gerade?«

Bewerber: Auf einer Recruiting-Page wurde ich nach meinen Lieblingsschriftstellern gefragt. Was soll man denn da antworten – auch wenn man sich für recht belesen hält?

Müller-Thurau: Nenne mir deine Lieblingslektüre und ich sage dir, wer du bist! Dieser Satz ist nicht völlig abzuweisen, daher wird oft nach den Lesegewohnheiten gefragt. Wer gern Arztromane liest, ist vermutlich anders gestrickt als jemand, der sich für Science-Fiction interessiert. Es gibt immer noch Bewerber, die auf die Frage, was sie denn so lesen, mit »Bücher« antworten. Und auf Nachfrage, was denn das für Bücher seien, kommt die Reaktion: »Alles Mögliche.« So setzt man sich natürlich dem Vorwurf der Beliebigkeit aus und gerät aufgrund einer eher banal erscheinenden Frage in ein ungünstiges Licht.

Nun mein Tipp zu dieser Frage: Wenn Sie sich in einem internationalen Unternehmen bewerben, wäre es schön, nicht nur deutsche Autoren gelesen zu haben. Wer nach Italien geht und mit Dante nichts anfangen kann – die ersten Verse der »Göttlichen Komödie« kennt dort jedes Kind auswendig –, sollte Versäumtes schnell nachholen. Und wenn man sich in Lübeck bewirbt, sollte man mit Thomas Mann etwas anfangen können. Natürlich muss es nicht gleich der Lieblingsschriftsteller sein.

»Ich habe keine Hobbys.«

Bewerber: Muss ich mir in Sachen Hobbys etwas aus den Fingern saugen? Soll ich sagen, dass ich gern Fahrrad fahre?

Müller-Thurau: Nein. Sie müssen sich nicht verbiegen und jemand sein wollen, der Sie gar nicht sind. Es gibt Menschen, die sind vielseitig interessiert und das ist kein Nachteil.

»Wie soll ich meine Sprachkenntnisse spezifizieren?«

Bewerber: Was heißt eigentlich »verhandlungssicher«?

Müller-Thurau: Orientieren Sie sich an dieser Rangordnung: verhandlungssicher; sehr gut in Wort und Schrift; gut in Wort und Schrift; entwickelte Schulkenntnisse, Grundkenntnisse. Mogeln Sie nicht, denn im Vorstellungsgespräch kann schnell eine Person hinzugezogen werden, die Englisch oder Spanisch spricht. Was aber bedeutet »verhandlungssicher« konkret? Sie verstehen Ihren Partner sehr genau, können Nuancen rüberbringen und sprachlich präzise argumentieren. Im Geschäftsleben bedeutet dies vor allem auch, dass Sie über Preise und Konditionen verhandeln können. Wer will, kann zur Klassifikation seiner Sprachkenntnisse auch den europäischen Referenzrahmen verwenden. Dieser unterteilt sich in diese Stufen: A1/A2 steht für elementare Sprachverwendung, B1/B2 für eine selbstständige Sprachverwendung und C1/C2 für die kompetente Sprachverwendung.

»Sollte man heutzutage nicht generell einen amerikanischen Lebenslauf verfassen?«

Bewerberin: Ich habe gelesen, dass man im Zuge der Globalisierung einen amerikanischen Lebenslauf verfassen sollte. Alles andere wirke altmodisch und von gestern. Was raten Sie?

Müller-Thurau: Denken Sie mit dem Kopf des Adressaten. Wenn Sie sich bei einem ausschließlich den Heimatmarkt bedienenden mittelständischen Unternehmen bewerben, kommen Sie mit dem amerikanischen CV nicht zwingend gut an. Da werden Sie vom Personalleiter mental schon an die Wand genagelt, wenn Sie bei den Zeitangaben mit dem Monat beginnen. Alles schon erlebt! Wenn Sie sich international umsehen, sollten Sie mit einem CV »reverse chronological« arbeiten, also »last job first«. Allerdings gibt es eine Ausnahme: Wer seit einem Jahr arbeitslos ist, sollte den CV nicht damit beginnen. Ich würde in diesem Fall den Lebenslauf klassisch gestalten und erst einmal zeigen, was man im Leben so alles hinbekommen hat.

»Ich war Geschäftsführer.«

Bewerber: Ich war bis vor kurzem noch Geschäftsführer im Betrieb meines Schwiegervaters. Einstweilen ist die Ehe gescheitert und meinen Job bin ich auch los. Bei meinen Bewerbungen auf Positionen als Geschäftsführer war ich bisher erfolglos. Wie gehe ich mit dieser Tatsache, immerhin Geschäftsführer gewesen zu sein, in meinen Bewerbungen um?

Müller-Thurau: Vergessen Sie den Geschäftsführer! Das riecht nach Protektion und deshalb nicht gut. Hängen Sie die Aufgabe niedriger! Beschreiben Sie Ihre fachlichen und fachübergreifenden Qualifikationen und reden Sie nicht über fragwürdige hierarchische Positionierungen.

»Ich habe einen Konkurs hingelegt.«

Bewerber: Nach dem Studium habe ich mit einigen Mitstreitern eine kleine GmbH gegründet, die auf dem Gebiet der IT-Beratung – insbesondere SEO – tätig war. Leider mussten wir nach knapp zwei Jahren einen Insolvenzantrag stellen, weil uns ein Mitbewerber preislich unterboten hat. Ich habe dann als Kellner, Möbelverkäufer und Reiseleiter gearbeitet, um meine Schulden bezahlen zu können. Es war mir einfach wichtig, mich meiner Verantwortung zu stellen und meine Gläubiger nicht zu enttäuschen. Entkräfte ich so den möglichen Vorwurf, ich sei beruflich orientierungslos?

Müller-Thurau: Es ist keine Schande zu scheitern, auch nicht, als Möbelverkäufer, Kellner oder Reiseleiter gearbeitet zu haben. Unglaubwürdig ist allerdings die Begründung, man habe seine Gläubiger nicht enttäuschen wollen. Wahr ist meist in solchen Fällen, dass einem der Gerichtsvollzieher die Tür einzutreten gedroht hat. Ich würde auch nicht sagen, dass ein Mitbewerber einen in die Pleite getrieben hat, sondern dass man den Markt falsch eingeschätzt hat und die finanzielle Ausstattung schlecht war.

»Ich bin total verwirrt!«

Bewerber: Nach der Lektüre von zig Bewerbungsratgebern und einem Bewerbertraining bin ich total verwirrt. Es gibt so viele widersprüchliche Auskünfte über ein und dasselbe Thema.

Müller-Thurau: Das Dilemma ist bekannt. Wer Rat sucht, kann die Qualität der Ratschläge meist nicht beurteilen. Und da es sehr viele selbst ernannte Ratgeber gibt, beherzigen Sie dies: Holen Sie sich Auskünfte nur von Profis, die Personal auswählen und einstellen und für ihre Entscheidungen den Kopf hinhalten müssen. Sie würden doch auch nicht zu jemandem ins Flugzeug steigen, der zwar das eine oder andere über das Fliegen gelesen, aber niemals ein Flugzeug gesteuert hat. Und schon gar nicht würden Sie sich von ihm das Fliegen beibringen lassen. Bitte schön, das war der letzte Tipp.

8 Die Gehaltsverhandlung

Was macht glücklich? Der Ökonomie-Nobelpreisträger und Psychologe Daniel Kahneman vertritt die für ihn wissenschaftlich belegte Ansicht, dass Sex der wichtigste Glücksbringer sei. Der Schweizer Wirtschaftswissenschaftler und »Glücksforscher« Bruno S. Frey ist nach gut calvinistischer Tradition davon überzeugt, dass nur die Zufriedenheit mit dem Job uns ein erfülltes Leben bescheren könne. Und welche Bedeutung hat das Geld? Geld macht nicht glücklich, das sagt zumindest der Volksmund. Das mag sein, aber einige Vorzüge lassen sich – abgesehen von dem Umstand, dass man eine bestimmte Summe grundsätzlich braucht – nicht von der Hand weisen. Für den russischen Schriftsteller Dostojewski war Geld »geprägte Freiheit«, für den englischen Dichter Lord Byron »Aladins Wunderlampe« und für den deutschen Philosophen Nietzsche das »Brecheisen der Macht«. Vor dem Hintergrund dieser Statements könnte Geld wenigstens ziemlich glücklich machen.

Unglücklich verhält sich auf alle Fälle ein Bewerber, der den Eindruck erweckt, es sei unanständig, über Geld zu reden. Natürlich muss über das Entgelt gesprochen werden – und zwar geradeheraus und gekonnt. Nicht selten gibt es später Frust, weil ein Bewerber aus Angst, sich unbeliebt zu machen, seine Gehaltswünsche nicht klipp und klar geäußert hat.

8.1 Grundsätze

Zunächst muss man bedenken, dass eine Gehaltsverhandlung ein Bestandteil der Eignungsdiagnostik ist. Wer sich in eigener Sache unsouverän verhält oder bei Gegenwind gleich umfällt, wird vermutlich kaum die Interessen des zukünftigen Arbeitgebers energisch vertreten können.

Tipps: Umgang mit der Gehaltsfrage !

- Von Einsteigern, vor allem aber von Um- und Aufsteigern wird erwartet, dass sie ihren Marktwert halbwegs realistisch einschätzen und diesen dann auch beherzt zu realisieren versuchen.
- Nennen Sie ohne lange Vorreden und weitere Erklärungen Ihr gewünschtes Brutto-Jahresentgelt. Das erspart im Erstgespräch zusätzliche Fragen wie die nach dem eventuellen Urlaubsgeld, Weihnachtsgeld oder einem 13. Gehalt. Auf der Basis des Jahresentgelts sind eventuelle Angebote auch besser miteinander vergleichbar.
- Es ist keine gute Idee, sich durch die Angabe eines Gehaltsrahmens Spielraum verschaffen zu wollen. Etwa: »Ich stelle mir 40.000 bis 50.000 Euro im Jahr vor.« Wenn Ihr Gesprächspartner jetzt auf einer präzisen Zahl besteht, sehen Sie nicht sonderlich gut aus.

- Begründen Sie Ihren Einkommenswunsch niemals mit finanziellen Verpflichtungen oder ähnlich unsachlichen Argumenten, sondern nur über Ihre Qualifikation und den Nutzen, den Sie zu bieten haben. Gehaltswünsche, die vom Gesprächspartner als überdurchschnittlich bewertet werden, lassen sich durch den Hinweis auf besondere Sprachkenntnisse, eine einschlägige Ausbildung vor dem Studium, zum Job passende Praktika und Spezialkenntnisse oder gegebenenfalls auch durch das Thema einer Abschlussarbeit legitimieren.
- Wenn Ihr Verhandlungspartner angesichts Ihres Gehaltswunschs die Contenance verliert, ist dies kein Grund zur Besorgnis. Machen Sie also nicht sofort einen Rückzieher, wenn die beiderseitigen Vorstellungen voneinander abzuweichen scheinen. Ein vernünftiger Kompromiss kann darin bestehen, zum Start finanzielle Abstriche zu machen und nach erfolgreicher Probezeit den ursprünglichen Gehaltswunsch zu realisieren.
- Verhandeln, aber nicht feilschen. Kathrin K. erklärt: »Ich halte 40.000 Euro für angemessen.« Gesprächspartner: »Völlig unrealistisch!« Bewerberin: »38.000 Euro – darunter ist nichts zu machen.« Gesprächspartner: »Auch diese Vorstellung passt nicht in die vorhandene Gehaltsstruktur. Ein neuer Mitarbeiter mit vergleichbarem Profil ist gerade mit einem Jahresentgelt von 34.000 Euro gestartet.« Bewerberin: »Vielleicht können wir uns in der Mitte treffen!?« Das wirkt unsicher und kommt nicht gut an.
- Verkaufen Sie sich gut, aber denken Sie auch daran, dass gerade für den Ersteinsteiger ein Unternehmen mit einem guten Namen oft mehr Wert als ein hohes Starteinkommen ist.
- Für einige Berufseinsteiger gibt es nichts zu verhandeln, weil das Unternehmen – dies gilt insbesondere für Unternehmensberatungen – für Hochschulabsolventen ein festes Einstiegsgehalt vorsieht. Nach dem eventuellen Zuschlag können Sie sich dann leistungsmäßig so positionieren, dass Sie von der späteren Spreizung der Einkommen profitieren.

8.2 Welche Gehaltsforderung ist angemessen?

Wie kann man herausfinden, was man als Entgelt fordern könnte? Hier sind einige Informationsquellen, die Sie nutzen können:

- www.wiwo.de/erfolg/beruf/500-berufe-welches-gehalt-sie-jetzt-verlangen-koennen,
- www.staufenbiel.de,
- www.kienbaum.de,
- www.monster.de,
- www.stepstone.de,
- www.absolventa.de.

Man kann in der Gehaltsverhandlung den Einkommenswunsch natürlich nicht mit im Internet publizierten Gehaltstabellen begründen, die dienen lediglich zur Orientierung. Die angemessene Dotierung ergibt sich aus dem Abgleich zwischen dem Anforderungsprofil der Aufgabe und dem eigenen Leistungsprofil. Je größer die Übereinstimmung ist, umso bessere Argumente hat man für seine Gehaltsvorstellung. Das ist eigentlich ganz normal, aber genau hier gilt es aufmerksam zu sein.

Es wird der souveräne Umgang mit dem MS-Office-Programm erwartet? Vielleicht auch noch mit Lotus Notes? Das können viele und fällt deshalb als Argument für den Gehaltswunsch aus. Wie im Marketing müssen Sie Ihren USP herausarbeiten: Was macht Sie im Vergleich zu den Mitbewerbern unverwechselbar? Das können spezielle IT-Tools sein, exotische Sprachkenntnisse oder besondere interkulturelle Kompetenzen. Vor allem sind das Soft Skills, die bereits im Vorstellungsgespräch erkennbar werden: Kontaktstärke, Kommunikationsfähigkeit, Empathie, Selbststrukturierung und viele andere sind unwiderstehliche Argumente für den Gehaltswunsch, wenn diese Eigenschaften für die angestrebte Aufgabe wichtig sind. Excel kann man schnell lernen, aber wer als Bewerber für Key Account Management im Vorstellungsinterview keinen unfallfreien Satz bauen kann, wird das nicht binnen vier Wochen lernen. Mit den Soft Skills wird das Geld verdient. Soft Skills machen einen Menschen einzig und nicht ein Bachelorabschluss. Dessen Wert soll damit aber nicht geschmälert werden, vor allem wenn er berufsbegleitend erworben wurde und damit für Softs Skills wie Zielstrebigkeit, Belastbarkeit und Lernfähigkeit steht.

8.3 Wenn ein Kompromiss notwendig ist

Manchmal sind die Verhältnisse nicht so, wie sie sein sollten, und man muss gegebenenfalls kleinere Brötchen backen.

Beispiel: Nachgeben, ohne das Gesicht zu verlieren! !

»Welche Gehaltsvorstellungen haben Sie?«

»Ich denke so an die 50.000 Euro.«

»Sorry, aber ich habe gerade erst jemanden mit Ihrer Qualifikation für 45.000 Euro eingestellt. Mir sind da die Hände gebunden, denn über Gehälter wird geredet und dann habe ich schnell Feuer auf dem Dach. Ich kann Ihnen da wirklich gar nicht entgegenkommen.«

»Das verstehe ich. Gut, ich komme Ihnen aus folgenden Gründen entgegen: So wie Sie mir die Aufgabe beschrieben haben, bedeutet sie für mich eine gute Chance, mich in die Breite zu entwickeln – also neue Erfahrungen und Kenntnisse zu erwerben. Das sehe ich als geldwerten Vorteil an. Ich darf aber davon ausgehen, dass die Gehaltsfrage zum Ende einer erfolgreichen Probezeit noch einmal angesprochen wird?«

So kann man das machen. Vor allem, wenn im Anforderungsprofil Flexibilität verlangt wird, sollte man bei einer Preisverhandlung nicht nur auf stur schalten. Man muss dem Gegenüber jedoch erklären, warum man bereit ist, beim Preis nachzugeben.

!

Hinweis für Expatriates

An dieser Stelle sei noch einmal darin erinnert, dass es nicht immer etwas zu verhandeln gibt. In Deutschland gilt ein sehr ausdifferenziertes Tarifvertragsrecht. So gibt es diverse Arten von Tarifverträgen, zum Beispiel:

- Lohn- und Gehaltstarifvertrag,
- Manteltarifvertrag,
- Verbandstarifvertrag,
- Firmen-/Haustarifvertrag.

Hinzu kommen unterschiedliche Geltungsbereiche:

- räumlicher Geltungsbereich (Bundesgebiet, Bundesland, Regierungsbezirk etc.),
- fachlicher Geltungsbereich (Metallindustrie, chemische Industrie etc.),
- persönlicher Geltungsbereich (Arbeiter, Angestellte, Auszubildende).

Expatriates und Migranten sind also erheblich gefordert, sich in diesem Dickicht von Gesetzen und Verordnungen zurechtzufinden.

9 Nicht auf den letzten Metern stolpern!

Alle reden von der Bedeutung des ersten Eindrucks, der in Bruchteilen von Sekunden zustande kommt und bereits das Ergebnis des Vorstellungsinterviews erheblich beeinflusst. Da ist natürlich etwas dran – vor allem, wenn es um Aufgaben im Verkauf geht, bei denen der Erfolg ja bisweilen erheblich vom ersten Auftritt und der persönlichen Kontaktstärke abhängt. Aber das muss nicht so sein: Einen verkorksten Start kann man im Zuge des Vorstellungsgesprächs noch gutmachen, ein missglückter Abgang lässt sich nicht mehr korrigieren. Lesen Sie, welche Stolpersteine es zum Abschluss eines Interviews zu beachten gilt.

»Warum sollten wir uns für Sie entscheiden?«

Diese Frage zielt auf die persönlichen Stärken ab, die jemand für sich reklamiert – und zwar in Hinblick auf die besprochene Aufgabe. Was also erwartet der Fragesteller? Die meisten Personaler erwarten hier, dass der Bewerber die Gratwanderung zwischen gesundem Selbstbewusstsein und der Fähigkeit zur Selbstkritik schafft. Und deshalb kommt die folgende Einlassung gar nicht gut an: »Ach, wissen Sie, das können andere besser beurteilen. Ich kann mich dazu doch nur ganz subjektiv äußern. Und das klingt dann so nach Eigenlob und das liegt mir nicht.« Das ist Drückebergerei. Im Übrigen gilt: Wer sich seiner Stärken nicht bewusst ist, kann diese nicht konsequent nutzen und schon gar nicht weiterentwickeln.

Vorausschauende Bewerber haben sich auf diese Frage gut vorbereitet und ihre Eigenschaften und besonderen Vorzüge nebst Begründung vorab einmal aufgeschrieben. Es ist keine schlechte Idee, die Stärken von Äußerungen Dritter oder von früheren Aufgaben abzuleiten: »Mein Ausbildungsleiter hat einmal gesagt …« Oder: »Wenn Feste zu organisieren waren, gehörte ich immer zum Vorbereitungskomitee.« Auch dies kann passen: »Als ehrenamtliche Mitarbeiterin von AIESEC habe ich mich für den internationalen Studentenaustausch starkgemacht – und da habe ich gelernt zu akquirieren beziehungsweise Sponsoren zu gewinnen.«

Wichtig ist, lediglich solche Stärken anzuführen, die man für die angestrebte Aufgabe braucht. Wer sich im Außendienst bewirbt und als Erstes seine Teamfähigkeit hervorhebt, kann an dieser Frage scheitern. Und das gilt sinngemäß für alle, die hier irgendwelche Soft Skills beliebig aufsagen. Hier sind die wichtigsten Dos und Don'ts bei der Frage nach den persönlichen Stärken:

- Das Anforderungsprofil der Aufgabe beachten! Es geht nicht darum, alle möglichen tollen Eigenschaften aufzuzählen, über die Sie als Bewerber verfügen, sondern ausschließlich um jene, die zur Aufgabe passen.
- Die im Stellenangebot benannten Eigenschaften umformulieren! Es ist nicht ratsam, bei der Frage nach den Stärken die in der Anzeige erwähnten Soft Skills einfach noch einmal aufzuzählen. Verwenden Sie eigene Formulierungen, ohne allerdings den Kern der Anforderungen zu verfälschen. Sagen Sie statt »Ich kann Prioritäten setzen« beispielsweise »Ich kann gut zwischen Wichtigem und Unwichtigem unterscheiden«. Es ist Belastbarkeit gefordert? Hier eine gute neue Formulierung: »Ich behalte auch unter Zeitdruck den Überblick und arbeite fehrlerfrei.«
- Keine falsche Bescheidenheit! Im Job gilt es, die Vorzüge des eigenen Unternehmens und seiner Produkte selbstbewusst nach außen zu vertreten – Sie sollten das deshalb auch in eigener Sache tun und können. Wer sich bei der Frage nach den Stärken zu lange bitten lässt, weckt beim Gegenüber den Verdacht, dass er sich im Markt zu defensiv verhalten wird.
- Weniger ist mehr! Es gibt Bewerber, die bei der Frage nach den Stärken ein breites Sortiment ausloben. Das wirkt unglaubwürdig.

»Haben Sie sich noch woanders beworben?«

Diese Frage klingt harmlos, ist aber nicht zu unterschätzen. Meist möchte der Gesprächspartner nur wissen, ob der Bewerber unter Zeitdruck steht – also ein anderes Angebot vorliegt oder kurzfristig zu erwarten ist. Weil aus dem Arbeitgebermarkt ein Arbeitnehmermarkt geworden ist, erhalten Personaler immer häufiger Absagen, doch möchte man einen guten Kandidaten nicht aus Zeitgründen verlieren.

Manche Bewerber machen hier taktische Fehler – wie der Berufseinsteiger, der auf diese Frage hin sagte: »Nein, mich interessiert diese Aufgabe so sehr, dass ich zurzeit keine anderen Bewerbungsaktionen fahre.« Ein Berufseinsteiger oder Absolvent, der nur ein einziges Eisen ins Feuer legt, ist entweder unglaubwürdig oder aber von der eigenen Vorzüglichkeit so angetan, dass er sich eine Absage gar nicht vorstellen kann.

! **Beispiel: Eine gute Antwort für Absolventen und Einsteiger**

»Haben Sie sich noch woanders beworben?«

»Natürlich. Aber so, wie Sie mir vorhin die Aufgabe noch einmal beschrieben haben, würde ich mich sehr über ein Angebot freuen.«

Umsteiger, die in einem festen Anstellungsverhältnis stehen, sollten dagegen anders reagieren – selbst wenn beispielsweise eine betriebsbedingte Kündigung absehbar ist.

Beispiel: Eine gute Antwort für Umsteiger !

»Haben Sie sich noch woanders beworben?«

»Nein. Ich habe eigentlich nur das getan, was ich hin und wieder mal mache – nämlich den Stellenmarkt beobachten. Und da habe ich Ihr Angebot gelesen und mir gesagt: Das passt exakt zu meinem Profil und wäre für mich inhaltlich ein guter Schritt nach vorn. Deshalb sitze ich hier. Und nach diesem Gespräch kann ich sagen, dass sich dieser Eindruck bestätigt hat.«

Zum Abschluss dieses Themas noch eine unmögliche Reaktion.

Beispiel: Erpressungsversuch !

»Haben Sie sich noch woanders beworben?«

»Ja, habe ich. Deshalb möchte ich Sie auch bitten, möglichst schnell zu einer Entscheidung zu kommen, da mir von einer anderen Firma ein Angebot vorliegt und ich die nicht lange hinhalten kann. Aber natürlich möchte ich viel lieber die besprochene Aufgabe hier bei Ihnen übernehmen. Bitte verstehen Sie mich nicht falsch – aber wenn ich denen absage und hier wird das auch nichts, dann sitze ich zwischen allen Stühlen.«

Das mag ja alles sachlich richtig sein, doch kein Unternehmen lässt sich gern gegen ein anderes ausspielen. Es ist eine schlechte Idee, mit einem solchen Hinweis den Entscheidungsprozess beschleunigen zu wollen. Wenn Ihnen bereits ein anderes Angebot vorliegt, das sich mit der Einladung zum aktuellen Vorstellungsgespräch überschnitten hat, dann sagen Sie kurz: »Ich habe ein Angebot vorliegen und muss mich gegenüber dem Unternehmen in spätestens einer Woche erklären.«

»Stünden Sie uns eventuell auch für eine andere Aufgabe zur Verfügung?«

Die Frage kann harmlos, aber auch listig sein. Das Frageziel könnte darin bestehen herauszufinden, ob der Bewerber bei der Jobsuche beliebig vorgeht oder eine klare berufliche Vorstellung hat. Wer sich mehrere Optionen offenhalten möchte, hat am Ende manchmal gar keine mehr. Wer im Vorstellungsgespräch unentwegt argumentiert hat, warum die fragliche Aufgabe gut zu ihm passt, kann nicht spontan sein Interesse an einem anderen Job bekunden, der ganz andere Anforderung mit sich bringt.

Mit der folgenden Antwort gibt man ein klares Bekenntnis zu einer bestimmten Aufgabe ab, ohne sich Alternativen zu verbauen. Immerhin könnte es ja im Unternehmen artverwandte Herausforderungen geben, die sich durchaus in Betracht ziehen lassen, ohne dass man sich widerspricht.

!

Beispiel: Eine gute Reaktion

»Stünden Sie uns im Zweifelsfall auch für eine andere Aufgabe zur Verfügung?«

»Ich habe mich hier ja um eine klar definierte Aufgabe beworben und die finde ich nach Ihren Erläuterungen spannend. Ich glaube auch, dass ich erfolgreich sein würde. Andererseits soll man bekanntlich niemals nie sagen. Ich habe immer Wert darauf gelegt, flexibel zu sein — dazu gehört auch, dass man über alles reden kann.«

»Wie stehen meine Chancen?«

Machen Sie ein Gedankenexperiment: Sie haben als Personalchef zehn Interessenten eingeladen und jeder fragt Sie am Ende des Gesprächs nach seinen Chancen. Sie können bestenfalls dem zehnten Kandidaten eine halbwegs fundierte Auskunft geben. In der Regel zwingt Sie diese Frage zu unverbindlichen Floskeln. Kurzum: Sie ist lästig und weist auf mangelndes Einfühlungsvermögen hin. Besonders schlecht wird die Frage nach den Aussichten aufgenommen, wenn dem Bewerber im Vorstellungsinterview mehrere Gesprächspartner gegenübersitzen. Wer soll denn da was sagen? Die Kollegen müssen sich doch erst hinsichtlich ihrer Eindrücke austauschen. Hier ist die Note Sechs in Sachen Empathie fällig und damit beschert sich mancher Bewerber einen peinlichen Abgang.

Konfusion mit den Namen

»Auf Wiedersehen, Frau Bleifeld. Auf Wiedersehen, Herr Mustermann. Auf Wiedersehen, Herr Äääāh!« Das darf bei der Verabschiedung nicht passieren, kommt aber leider immer wieder vor. Wie gesagt: Einen verstolperten Start kann man im Gespräch noch wettmachen — der misslungene Abgang bleibt im Gedächtnis hängen. Horchen Sie kurz vor der Verabschiedung noch einmal in sich hinein, ob Sie wirklich alle Namen parat haben. Wenn nicht, überspielen Sie dieses Manko mit Formulierungen wie: »Auf Wiedersehen! Und vielen Dank für die interessanten Informationen über Ihr Unternehmen.« Oder: »Tschüs! Und danke, dass Sie sich so viel Zeit genommen haben.« Auf keinen Fall dürfen Sie von drei Gesprächspartnern nur zwei beim Abschied mit Namen ansprechen und dem dritten etwas zunuscheln. Nicht selten werden Namen zum Abschied verunstaltet und Frau Bleifeld heißt auf einmal Frau Bleifuß. Und auch das gibt es immer wieder: Alle drei Interviewpartner werden konsequent mit falschem Namen angesprochen.

Nachwort: »You are welcome!«

Um es vorwegzunehmen: Es geht nicht um die im Herbst 2015 in Deutschland abgefeierte pauschale Willkommenskultur. Asyl und das Recht auf Asyl ist das eine – der Wunsch, den eigenen beruflichen und privaten Erfolg in einem anderen Land zu suchen, etwas anderes. Wobei das eine das andere natürlich nicht ausschließt. Wer die Fragen »Wer bist du?«, »Was kannst du?« und »Was willst du?« überzeugend beantworten kann, hat gute Chancen, »to make it in Germany«.

Der Autor

Claus Peter Müller-Thurau ist Diplom-Psychologe und seit vielen Jahren als Human-Resources-Manager tätig. Nach dem Studium startete er als Personalberater bei der schwedischen Beratungsfirma Mercury Urval GmbH, danach wurde er Leiter der Personalentwicklung und Nachwuchsförderung im Axel Springer Verlag und später Geschäftsführer der Personal- und Unternehmensberatung Selecteam GmbH. Müller-Thurau ist Dozent an der FOM Hochschule für Oekonomie und Management in Hamburg und hält Vorlesungen in den Fächern HR-Organisation und HR-Personalwirtschaft. Zudem ist er für den Praxisteil eines Zertifizierungsprogramms »Human-Resource-Management« der Universität Hamburg verantwortlich.

Weitere Informationen zum Autor:

www.mueller-thurau.de

Stichwortverzeichnis

MIT ARBEITSHILFEN ONLINE

Exklusiv für Buchkäufer!

Ihre Arbeitshilfen zum Download:

▶ http://mybook.haufe.de

▶ Buchcode: QVI-3063